30款纯天然植物精油皂制皂教程

当花草遇上精油皂

陈 娴 施玲贤 著　　施玲贤 摄影

凤凰空间生活美学事业部　出品

江苏凤凰科学技术出版社

前言

拥抱自然，寻找内心的宁静

比起液体的沐浴露，我从小就更习惯使用肥皂来进行清洁；成为一名花艺师之后，学习、制作和推广花艺周边产品精油皂好像更是顺理成章的事情。我和我的搭档施玲贤在 5 年前接触花艺，爱上花艺，并开始传播花艺。在海外学习花艺的过程中，接触到了与之完美契合的手工精油皂，我们学习了整套精油皂课程，研习了国内外各种做皂方法之后便将花艺手工精油皂带回了中国进行发展与创新。刚回来的那两个月，我们反复制作、对比，深入分析手工精油皂与工厂皂、甚至与沐浴露之间的差异。手工精油皂无添加无防腐剂的健康属性，以及良好的使用感，将我们都变成了手工精油皂的粉丝。正因为了解手工精油皂的制作原料与过程，我们更加注重精油皂的天然成分与健康工艺，做好的成品不仅自用，也经常送给家人朋友一起使用。

我们两个平时经营着花店，常被植物鲜花包围；不过除了与花香为伴，从动手制作到使用精油皂的整个过程也是一种享受，所以希望能将这样的美好生活分享给大家。身处节奏紧张充满压力的现代都市生活中，自己亲手制作一块精油皂，在动手过程中跳脱出紧张工作生活的桎梏，会让你收获意想不到的快乐与减压的体验。而我们也希望本书可以让你快乐地踏上放松自我、调整人生节奏的治愈之旅。

我们在花店的精油皂制作课程中发现，使用 100% 纯度的精油做皂，精油的健康功效才能得到最大程度的发挥。而制作过程中天然草本精油本身的芬芳也十分沁人心脾，能让平日里过分紧绷的神经在动手制作精油皂的过程中逐渐放松，让原本浮躁的心境逐渐平静下来。来参加课程的学员只要进了教室，就开始专注于眼前的制作，而最终看到自己亲手制作的精油皂成品时，学员们发自内心的开心与满足感让整个教室都弥漫着一种幸福的味道。

写书拍照的过程中，我们发现将花艺与精油皂结合是一件有趣美妙的事。当你把做好的晶莹剔透的精油皂放入花丛中，会发现它们仿佛本来就是一体的，十分赏心悦目，甚至比完成一个美丽的花艺作品更令人满足。花艺与精油皂结合的美好之处，在于这两种技艺能够将自然的产物变为艺术载体，将自然美学传达给每一个人。精油皂的制作过程既是一次与大自然零距离的接触，也是一场视觉、嗅觉、触觉的三维体验。希望你在阅读本书的过程中，不仅能获得视觉享受，更能得到心灵的休憩和放松，能够放下生活中的小烦恼，亲自去做一些既健康又有趣的、属于自己的精油皂，重拾内心的宁静。

目录

柠檬草

准备工具

热皂准备工具

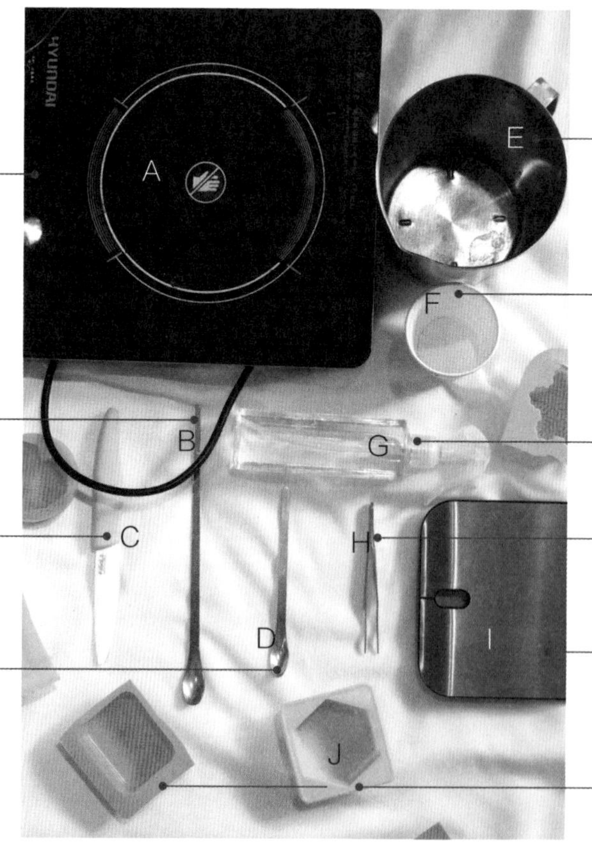

A 电磁炉

选择最小温度可控制在 70℃的电磁炉最佳，也可以用微波炉低温加热。

B 长柄勺

用来搅拌加速熔化皂基。

C 美工刀

用于将皂基切小块，和各种趣味的切割。

D 不锈钢小勺子

搅拌皂液与颜料，以及一些特殊皂造型设计需求。

E 不锈钢量杯

用于熔化皂基。

F 塑料杯或纸杯

用来将皂颜料与皂基充分融合。

G 医用酒精喷雾

H 镊子

I 电子秤

最小测量精度为 0.1 克即可。

J 模具

大小各式热皂模具。

冷皂准备工具

A 切皂器或切皂刀线

皂脱模以后需要切成适当的大小。

B 手套、口罩、围裙

C 模具

冷皂专用硅胶模或塑料模具（500 克规格）。

D 不锈钢量杯

用于溶化皂碱，做皂碱水。

E 冷皂液体颜料或冷皂色粉

F 电子秤

最小测精度位为 0.1 克即可。

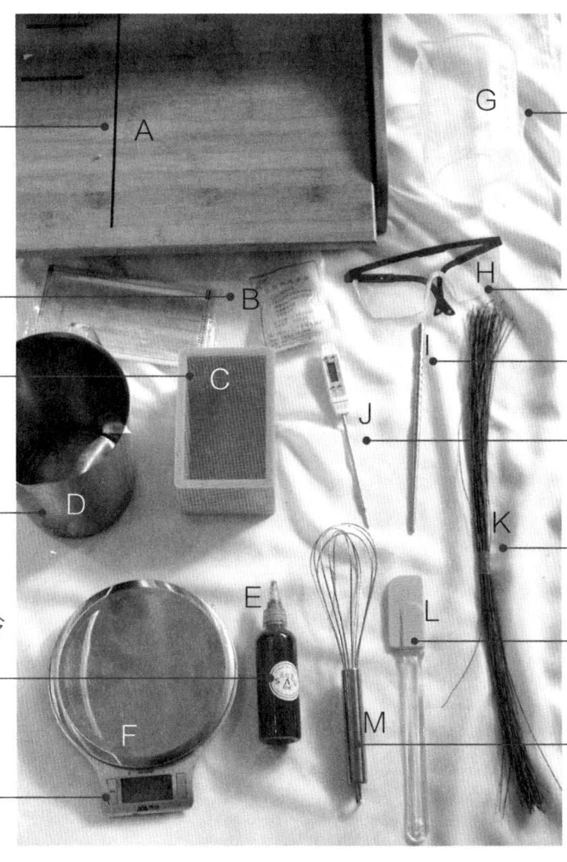

G 塑料量杯

尽量选择半透明的塑料量杯，这样调色的时候，容易判断皂液有没有充分上色。

H 护目镜

I 不锈钢搅拌棒

用于部分冷皂拉花设计。

J 温度计

用来测量油脂温度。

K 铁丝

用于部分冷皂拉花设计。

L 硅胶刮刀

用于将皂颜料与皂液充分融合。

M 打蛋器

电动或手动的均可，用来充分融合油脂和皂碱液。

注意：皂碱液在皂化期结束前都属于强碱，直接接触对皮肤会造成伤害；在溶皂碱液的时候产生的有刺鼻味道的气体，直接吸入也会对呼吸道产生伤害。

精油的使用

精油的本质

精油是单一天然植物材料的浓缩提取物，可以反映出植物的真正本质。精油可以从植物的花、叶、茎、根、果实等部位，通过各种方法提取出来。实际上，精油虽然被称为“油”，其实是由萜烯类、醛类、酯类等化学分子组成的。

精油的历史和使用

世界各地的许多民族都曾有使用精油的历史， 从宗教目的到医治病人，精油的用途各不相同。根据文献记载，埃及人早在公元前 4500 年左右就将精油用于香薰、香水制作和医疗等方面。当精油用作宗教用品时，特定的香水则需涂抹在特定神的雕像上。在中国，传说黄帝统治期间就有了首次使用精油的记录。《黄帝内经》中记录的几个精油用途，一直被医者视为经典。现如今中医也常会将精油外敷在经脉、皮部、穴位等处。古罗马人习惯于在按摩和沐浴中使用精油。此外，也喜爱将其涂抹在身上、床上用品和衣服上，这种奢侈的涂抹法曾让他们闻名一时。

精油如何提取

最常见的精油比如薰衣草、薄荷、茶树油、广藿香和尤加利精油，都是由蒸馏方法提取的。将植物的花、叶、枝干、根茎、种子或者果皮放在蒸馏器中的蒸馏锅内的筛板上，筛板下方注满水，当水加热时，蒸汽将围绕在植物周围，蒸出植物的挥发性物质。蒸汽流过一个盘管，在盘管中冷凝成液体，最后这些液体将被收集在一个接收容器中。在接收容器中，漂浮在上层的油层就是所谓的植物精油，下层的水层就是纯露。

而在蒸馏方法广泛应用之前，几乎所有的精油都是通过压榨提取的。现在大多数的柑橘类精油也还常通过机械提取或者冷压法（类似橄榄油提取法）提取。 由于柑橘类果皮的含油量比较高，以及它的生长和采集成本较低，所以柑橘类精油的价格也会相对便宜很多。

为何用溶剂萃取法

大多数花卉中可提取的挥发性油比较少，而且其中的化学成分使得它们在经历蒸汽萃取时更为脆弱且容易变质，比如有“精油之王”之称的茉莉精油就无法通过蒸馏提取得到。故而溶剂萃取就成了很好的解决之法。为了捕捉花卉的“魔法香气”，精油加工公司会用酒精等有机溶剂，甚至是油脂来萃取植物中的精油。

溶剂萃取法过程

首先，使用有机溶剂，来抽取植物碾压后的精华成分。然后，将萃取后的混合物再次经溶剂过滤，溶剂挥发后产生一种半固体蜡状物质。最后，用酒精将精油的成分从蜡状物质中选择性地抽离出来，就得到了高品质、高浓度的植物精油。

相同的植物部位，以溶剂萃取法得到的精油成分会与用其他方法提取的有些不同，由此它们的价位也会有所不同。

精油使用的注意事项

精油的使用与它的纯度、等级和精油里面的具体成分有关。大部分精油都是为了用于芳香疗法而制作的，这些精油不可以直接用在皮肤上，否则会非常刺激皮肤，长时间的直接皮肤接触还会引起过敏。柑橘类的精油是光敏剂，直接接触会使得皮肤更加容易晒伤，所以这类精油应尽量在夜晚使用。有一些精油对癫痫患者、高血压患者和孕妇等特殊人群的身体会产生伤害，大家需要谨慎使用。另外幼儿的肝脏还没有发育成熟，所以三岁以下儿童也要尽量避免使用精油。

制作精油皂的精油比例

本书中精油配比均是基于精油含量占整个产品总重的比例，制作过程中大家可以尝试 1~2% 的精油量。

颜色的调配及材料

热皂颜色

方法一：

使用甜点制作中的食用液体色素进行调色：将食用色素与医用甘油以1:3的比例调配，装瓶备用。

方法二：

使用食用色粉。

例如：

红色：番茄粉；

粉色：草莓粉；

棕色：可可粉，巧克力粉；

黄色：地瓜粉，玉米粉。

冷皂颜色

方法一：

使用冷皂专用氧化色粉。

1. 直接将冷皂专用氧化色粉倒入皂液，搅拌均匀即可。

2. 将专用氧化色粉与蓖麻油以1:1的比例进行调配、过滤，之后装瓶备用。

方法二：

使用食用色粉。

例如：

绿色：抹茶粉，大麦青汁粉，菠菜粉；

黑色：芝麻粉，植物碳粉；

玫粉色：火龙果粉；

紫色：蓝莓粉，紫薯粉。

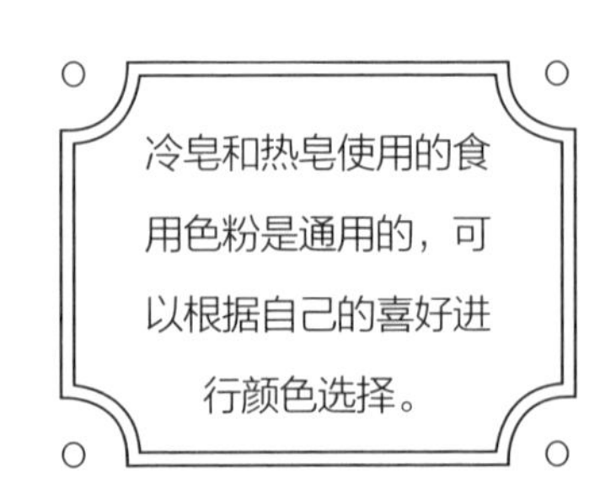

热皂的制作是一个熔化皂基，然后添加精油、上色，并将它再次塑形的过程。做热皂的好处是不需要处理皂碱，可以添加各种精油，染成各种颜色。对于初学者来说，易上手且成功率极高。制作热皂时所需等待的时间不长，感兴趣的人完全可以大开脑洞，创造出许多新奇有趣的手工皂。

皂基中含有天然的甘油成分，比一些工厂皂更健康。甘油是一种保湿剂，可以帮助我们的皮肤锁住水分，以达到保湿的效果，不过大部分的商品皂里都不含有甘油。在准备制皂原料时，还可以选择不同种类的皂基，如咖喱状皂基、奶油膏质地的皂基。另外皂基的成分也各有不同，有的会采用动物脂肪如猪油，这类皂基会堵塞毛孔，但价格会相对便宜，一般用于工业用途。我们这里建议使用的皂基大多是采用植物油脂，如棕榈油、橄榄油、椰子油，有些皂基还会有一些特殊成分，比如额外含有胡萝卜、芦荟、黄瓜、甘菊等植物中的提取成分。

皂基还有颜色之分，一般分为透明皂基和白色皂基，不过也会有少量橘黄色半透明皂基。白色皂基一般会额外含有羊奶、乳木果等成分，橘黄色皂基会额外含有蜂蜜或胡萝卜等成分。选择皂基的时候，我们可以通过测 pH 值来判别哪种皂基更加适合自己。不同商家做的皂基的 pH 值会有所不同，一般的皂基 pH 值以 8~9 为宜，如果皂基 pH 值太高的话，会刺激皮肤。

热皂

注意：

我们熔化皂基时，皂液温度要保持在 45~ 50℃之间，千万不可以烧焦。隔水加热的方法可以避免新手熔化皂基时烧焦。熔化皂基的时候，应注意不要过度搅拌，以免产生过多泡泡。

—基础篇—

月光女神皂

月光皂看似简单，但不失雅致，是经典的入门必学款精油皂。加入薄荷精油后,使用起来带着满满的舒适清凉,非常适合夏季。

添加的植物精油：

薄荷精油（Peppermint Essential Oil ）具有舒爽的薄荷醇香气，这是一种干净清新的顶级香调，有人将之称为“世界上最古老的药物”。薄荷精油可以调理阻塞的肌肤，其清凉的感觉不仅能帮助皮肤收缩毛细血管，舒缓瘙痒、抑制发炎和防止日光灼伤，也可软化肌肤，对清除黑头粉刺及改善油性肤质也极具效果。此外，薄荷精油也是治疗感冒的最佳精油，能抑制发热和黏膜发炎，并促进排汗。

主要产地：美国等。

薄荷

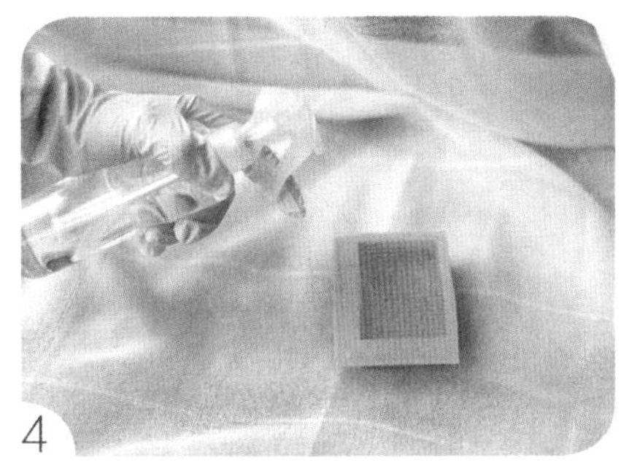

— 材 料 —

透明皂基 80 克、薄荷精油 0.8 克（约 16 滴）、酒精喷壶、电子秤、电磁炉、纸杯、长柄勺、不锈钢量杯、任意简单形状的模具。

— 步 骤 —

1. 先将称好的皂基放入不锈钢量杯中，再放于电磁炉上加热，温度控制在 45~55℃，直至出现熔化状态，开始轻轻搅拌，但不要用力过猛，以防皂液溅出。
2. 将熔化好的皂液倒入纸杯，滴入薄荷精油并搅拌均匀。
3. 将皂液沿着模具内壁缓缓倒入模具中。
4. 若皂液表面出现气泡，则需用酒精喷壶，以倾斜角度朝气泡处喷一下，这样可以去除泡沫，让成品皂表面更加平滑。
5. 静置皂液直至完全凝固，将硅胶模具向外翻开，使手工皂脱模。

添加的植物精油：

没（mò）药精油（Myrrh Essential Oil）。没药是橄榄科植物地丁树或哈地丁树的干燥树脂。不同的提炼方法，没药精油会产生不同的颜色（赭红色、淡黄色、琥珀色）。没药被广泛地运用于东西方医学中。在中国被用于治疗关节炎、痛经、疮和痔疮等病症；在西方被认为是治疗哮喘、感冒、黏膜炎、牙龈肿痛等症状的良药。在皮肤保养上没药精油可以抑制皮肤炎症。埃及人甚至在制作香水时加入没药精油。没药精油非常黏稠，因此用它时可以提前加热一下。主要产地：北非、沙特阿拉伯等。

没（mò）药

— 材 料 —

透明皂基 80 克、没药精油 0.8 克（约 16 滴）、红花碎颗粒、电子秤、电磁炉、不锈钢量杯、纸杯、长柄勺、酒精喷壶、模具。

— 步 骤 —

1. 将称好的皂基放入不锈钢量杯中，再放于电磁炉上加热，温度控制在 45~55℃，直至出现熔化状态，开始轻轻搅拌，但不要用力过猛，以防皂液溅出。
2. 将熔化好的皂液倒入纸杯中，再滴入精油搅拌均匀。
3. 在此基础上，加入选好的红花碎颗粒，充分搅拌。
4. 将皂液沿着模具内壁缓缓倒入模具，若有红花漂浮在表面，属于正常现象。
5. 用酒精喷壶朝着皂液表面出现气泡的地方斜着喷一下，这样可以去除泡沫，让成品皂表面更加平滑。
6. 把红花碎颗粒拨弄均匀，静置至皂液完全凝固，便可把硅胶模具翻开脱模。

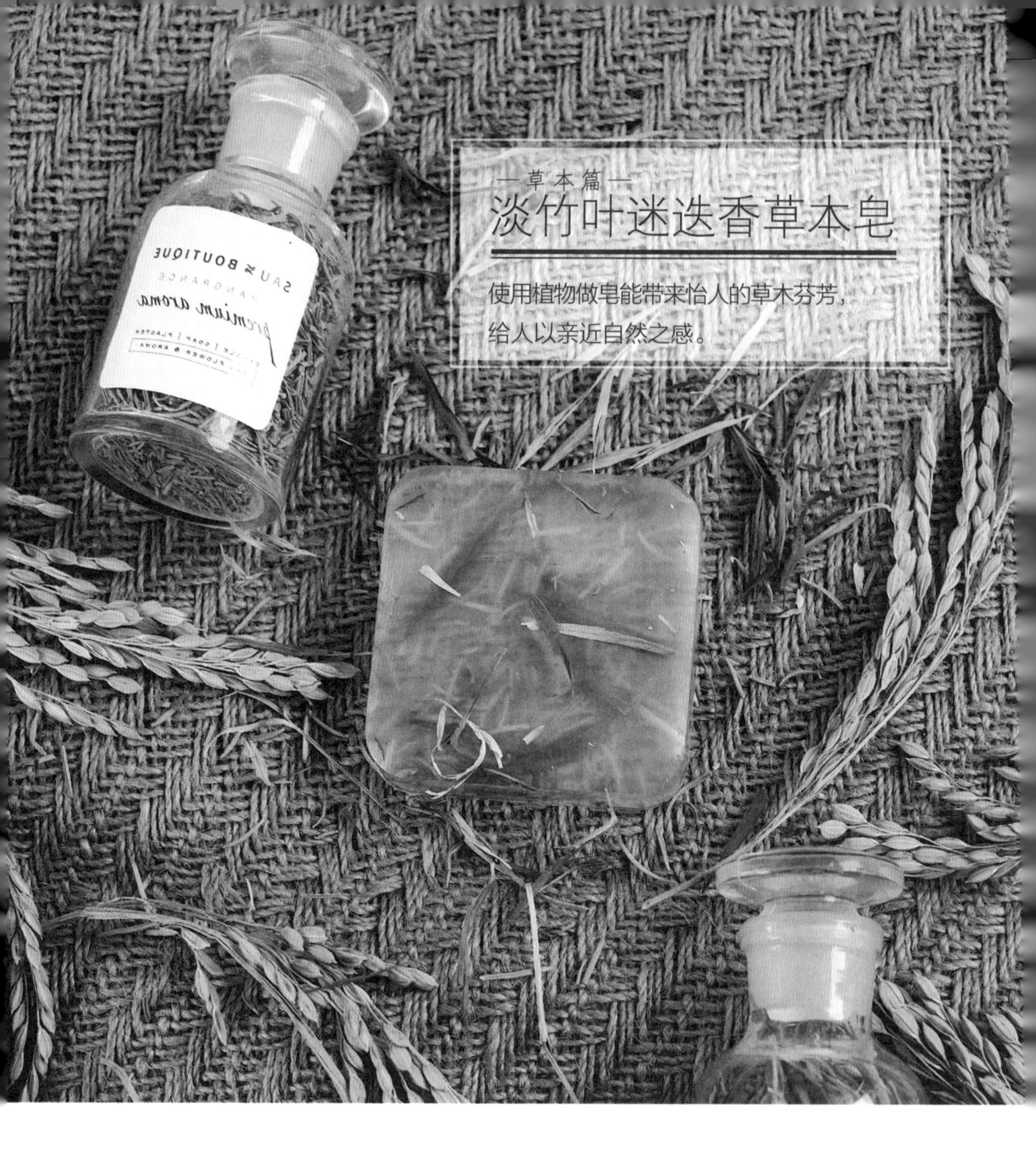

—草本篇—

淡竹叶迷迭香草本皂

使用植物做皂能带来怡人的草木芬芳，
给人以亲近自然之感。

玫瑰草

添加的植物精油：

玫瑰草精油（Palmarosa Essential Oil）是一种具有甜味和花香气味的精油，具有安抚情绪、振奋精神的功效。玫瑰草精油十分适合泛油缺水皮肤、粉刺型肌肤使用。不仅能够平衡皮脂分泌，促进肌肤表面天然保水膜的重新形成，彰显绝佳的保湿效果，而且也可以促进表皮细胞的再生，解决一般的皮肤感染问题。

主要产地：马达加斯加。

— 材 料 — 透明皂基 80 克、玫瑰草精油 0.8 克（约 16 滴）、淡竹叶和迷迭香碎粒、电磁炉、电子秤、纸杯、不锈钢量杯、镊子、酒精喷壶、任意简单款模具。

— 步 骤 —

1. 将称好的透明皂基放入不锈钢量杯中，然后放在电磁炉上加热，温度控制在 45~55℃。当出现熔化状态时则开始轻轻搅拌，但不要用力过猛，以防皂液溅出。
2. 将熔化好的皂液倒入纸杯中，再滴入精油，搅拌均匀。
3. 在皂液中加入选好的淡竹叶和迷迭香碎粒，充分搅拌。
4. 将皂液沿着模具内壁缓缓倒入模具中，若有淡竹叶和迷迭香碎粒漂浮在表面，属于正常现象。
5. 用酒精喷壶朝着皂液表面出现气泡的地方，斜着喷一下，这样可以去除表面的泡沫，使成品皂表面更加平滑。
6. 静置皂液至完全凝固，再将硅胶模具向外翻开，使手工皂脱模即可。

—草本篇—

薰衣草鲜切皂

注意：
低血压者请适量使用。

2018 年彩通（PANTONE）流行色就是薰衣草紫，
神秘又浪漫，加上自带的安神功效，
绝对是一款值得一做的精油皂。

薰衣草

添加植物精油：

薰衣草精油（Lavender Essential Oil）通过蒸汽蒸馏从薰衣草花中提炼而成，具有天然的浓郁香气，不仅具有清热解毒、清洁皮肤、抑制油脂分泌、祛斑美白、祛皱嫩肤、祛除眼袋和黑眼圈的功效，而且还有促进受损组织再生与恢复的功能，故而一些治疗烧伤的药膏中都会含有薰衣草的成分。此外，薰衣草精油还有镇静功效，可降低血压、安抚心悸，对失眠也很有帮助。

主要产地：法国普罗旺斯、中国新疆伊犁。

— 材 料 —

白皂基 200 克、薰衣草精油 2 克（约 40 滴）、薰衣草颗粒若干、大号正方体模具、美工刀、电子秤、电磁炉、长柄勺、不锈钢量杯。

— 步 骤 —

1. 将称好的白皂基放入不锈钢量杯中，然后放在电磁炉上加热，温度控制在 45~55℃，当出现熔化状态时则开始轻轻搅拌，但不要用力过猛，以防皂液溅出。

2. 在熔化好的皂液中滴入精油，搅拌均匀。

3. 将皂液沿模具内壁缓缓倒入模具中，皂液深度约为 2 厘米即可。

4. 在模具之中撒入适量的薰衣草颗粒，尽量使之铺满。若薰衣草颗粒漂浮在皂液之上，属于正常现象。

5. 用勺子均匀搅拌。

6. 静置皂液至完全凝固，再将硅胶模具向外翻开使手工皂脱模，用美工刀切割薰衣草皂，正方形或长方形均可。

—草本篇—

金合欢透明皂

漂亮的干花在精油皂中若隐若现，
洗手成了一件赏心悦目的事儿。

桂花

添加的植物精油：

桂花精油 (Osmanthus Essential Oil) 一般是从金黄色且花型较大的金桂中提取而成的。其香甜的气味可以减轻精神疲劳、压力乃至抑郁情绪。此外桂花精油还可以缓解肌肉酸痛，为身体带来舒适感。同时也可以促进血液循环，使皮肤保持活力，对各种细菌和病毒也有很强的抑制作用。

主要产地：中国。

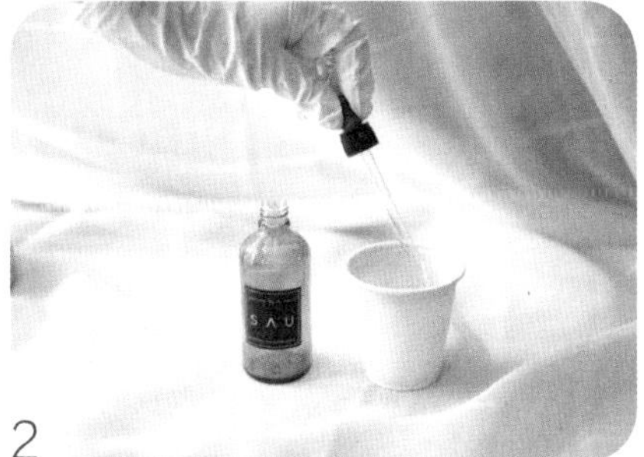

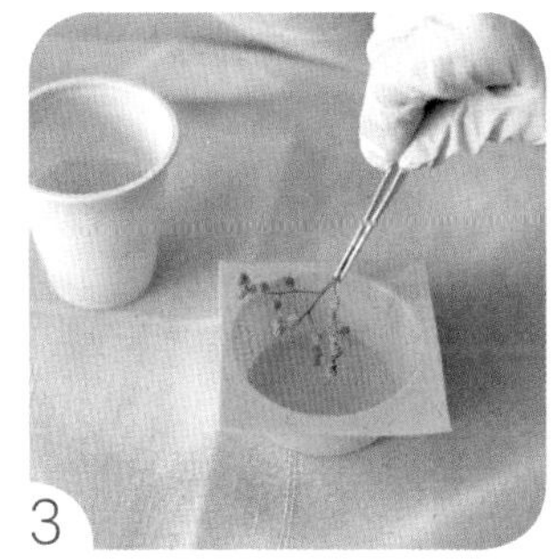

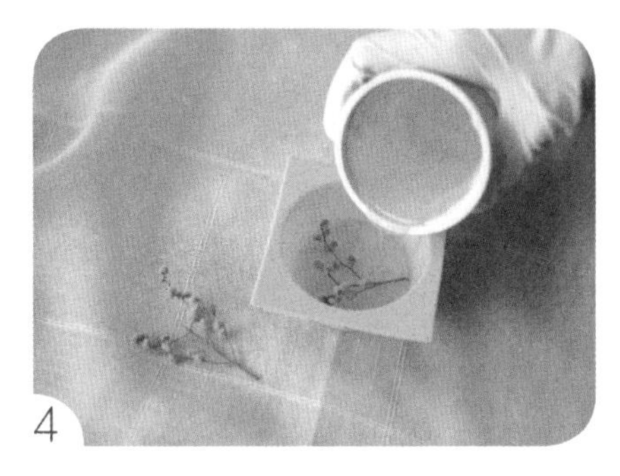

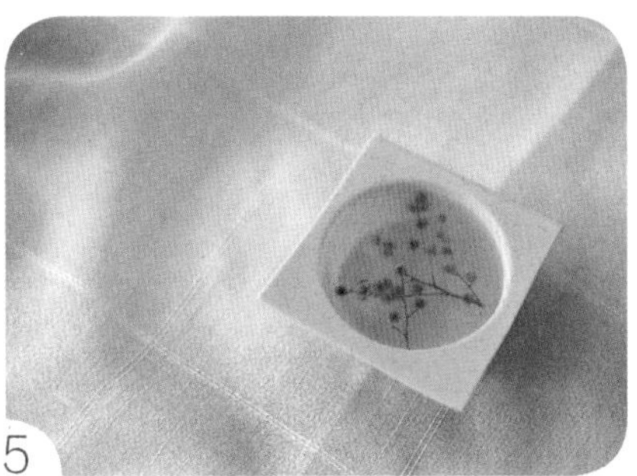

— 材 料 —

透明皂基 80 克、桂花精油 0.8 克（约 16 滴）、金合欢干花、简易模具、电子秤、电磁炉、不锈钢量杯、纸杯、长柄勺。

— 步 骤 —

1. 将称好的皂基放入不锈钢量杯中，再放于电磁炉上加热，温度控制在 45~55℃，当出现熔化状态时则开始轻轻搅拌，但不要用力过猛，以防皂液溅出。
2. 将熔化好的皂液倒入纸杯中，再滴入精油，搅拌均匀。
3. 将选好的金合欢干花放于模具中，摆放时可根据个人喜好安排。
4. 将皂液沿着模具内壁缓缓倒入模具中，没过金合欢干花。
5. 静置皂液至完全凝固，将硅胶模具向外翻开，使手工皂脱模即可。

—食物篇—

沁心柠檬皂

柠檬皂兼具清新香气和美白功效，一定是爱美人士的首选。

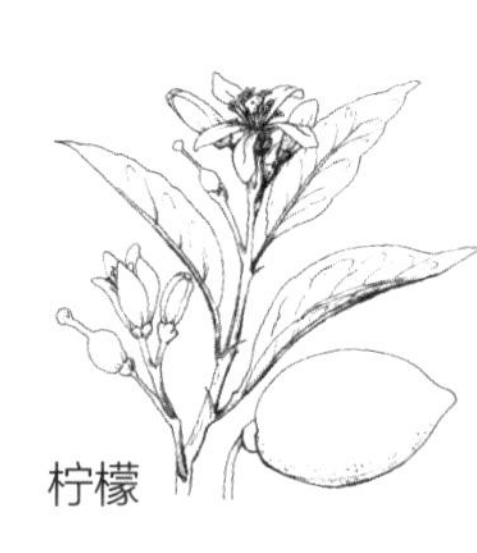

柠檬

添加植物精油：

柠檬精油（Lemon Essential Oil）是具有强大的抗菌性的活性油。柠檬树原产于亚洲，后由十字军战士在中世纪时期引入欧洲。柠檬精油对于皮肤及身体也有很多积极的调理作用。柠檬精油中的柠檬烯有益于美白、收敛、平衡油脂分泌。柠檬也具有良好的心理疗效，能缓解疲惫、改善认知功效和注意力，因此也被广泛地应用于工作场所中，对员工专效率的提高十分有效。

主要产地：意大利。

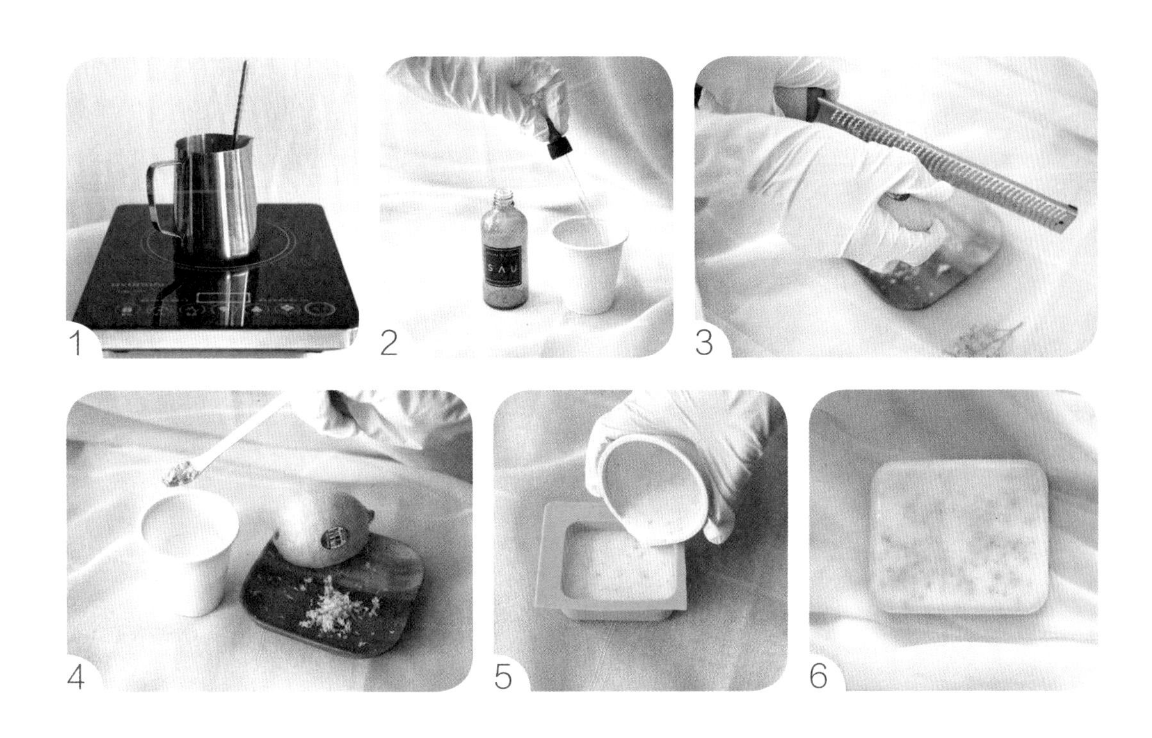

— 材 料 — 白皂基 80 克、柠檬精油 0.8 克（约 16 滴）、新鲜柠檬一颗、刨丝刀、简单款模具、纸杯、电子秤、电磁炉、长柄勺、不锈钢量杯。

— 步 骤 —

1. 将称好的皂基放入不锈钢量杯中，然后放在电磁炉上加热，温度控制在 45~55℃，当出现熔化状态时则开始轻轻搅拌，不要用力过猛，以防皂液溅出。
2. 将熔化好的皂液倒入纸杯中，再滴入精油，搅拌均匀。
3. 用刨丝刀将一颗新鲜的柠檬进行刨丝处理，量根据自己喜好而定。
4. 将柠檬丝撒入步骤 2 中的皂液里，并用勺子充分搅拌均匀。
5. 将皂液沿着模具内壁缓缓倒入模具中。
6. 静置皂液至完全凝固，再将硅胶模具外翻拨开，使手工皂脱模即可。

—食物篇—

抹茶粉末皂

抹茶粉中含有茶多酚等芳香物质，气味清新。

添加植物精油：

澳大利亚尤加利精油（Eucalyptus Radiata Essential Oil）（尤加利即桉树，尤加利精油由桉树的树叶及细枝蒸馏提取）。澳大利亚尤加利精油性温和而气味浓郁，因此深受芳疗师的青睐。澳大利亚尤加利精油在治疗皮肤烫伤方面有着明显功效，能够预防细菌滋生与蓄脓，促进新组织的再生。它还有抗病毒的作用，对呼吸道疾病最有效，能缓和发炎现象，使鼻黏膜更为舒适。此外，尤加利精油也有提神醒脑，促进注意力集中的功能。（提示：尤加利精油是一种强效精油，在剂量方面要特别注意，高血压与癫痫患者最好避免使用，可能会成为“顺势疗法”治疗药物的消解剂；用量过多，可能会损害肾脏和肝脏。）

主要产地：澳大利亚。

尤加利

— 材 料 —

透明皂基 80 克、尤加利精油 0.8 克（约 16 滴）、宇治抹茶粉、模具、不锈钢量杯、长柄勺、电磁炉、纸杯、酒精喷壶。

— 步 骤 —

1. 将称好的皂基放入不锈钢量杯中，然后放在电磁炉上加热，温度控制在 45~55℃，当出现熔化状态时则开始轻轻搅拌，但不要用力过猛，以防皂液溅出。

2. 将熔化好的皂液倒入纸杯中，再滴入精油，搅拌均匀。

3. 将皂液中添加少量宇治抹茶粉，充分搅拌。若有抹茶颗粒漂浮于表面，属于正常现象，可以用勺子撇去不好看的粗颗粒。

4. 将皂液沿着模具内壁缓缓倒入模具中。

5. 用酒精喷壶在皂液表面出现气泡的地方斜着喷一下，这样可以去除泡沫，使成品皂表面更加平滑。

6. 静置皂液至完全凝固，再将硅胶模具向外翻开，使手工皂脱模。

—食物篇—

提拉米苏皂

象征爱情滋味的提拉米苏皂。

添加植物精油：

咖啡精油（Coffee Essential Oil）具有润白、抗菌、消炎、紧致瘦身和淡化红血丝等功能。咖啡精油具有抗氧化特质，可以作为一种对抗自由基有害影响的外部解决方案。另外还有一些研究表明，它的抗氧化性有助于增强肝功能，降低肝硬化的风险。咖啡精油令人振奋的香气有助于提升情绪，帮助人们战胜压抑，并能够辅助治疗抑郁症。咖啡精油也可以帮助消除鼻道堵塞，缓解恶心，还可以减轻虫子蜇伤引起的肿胀和疼痛。

主要产地：非洲、中国华南、西南。

咖啡豆

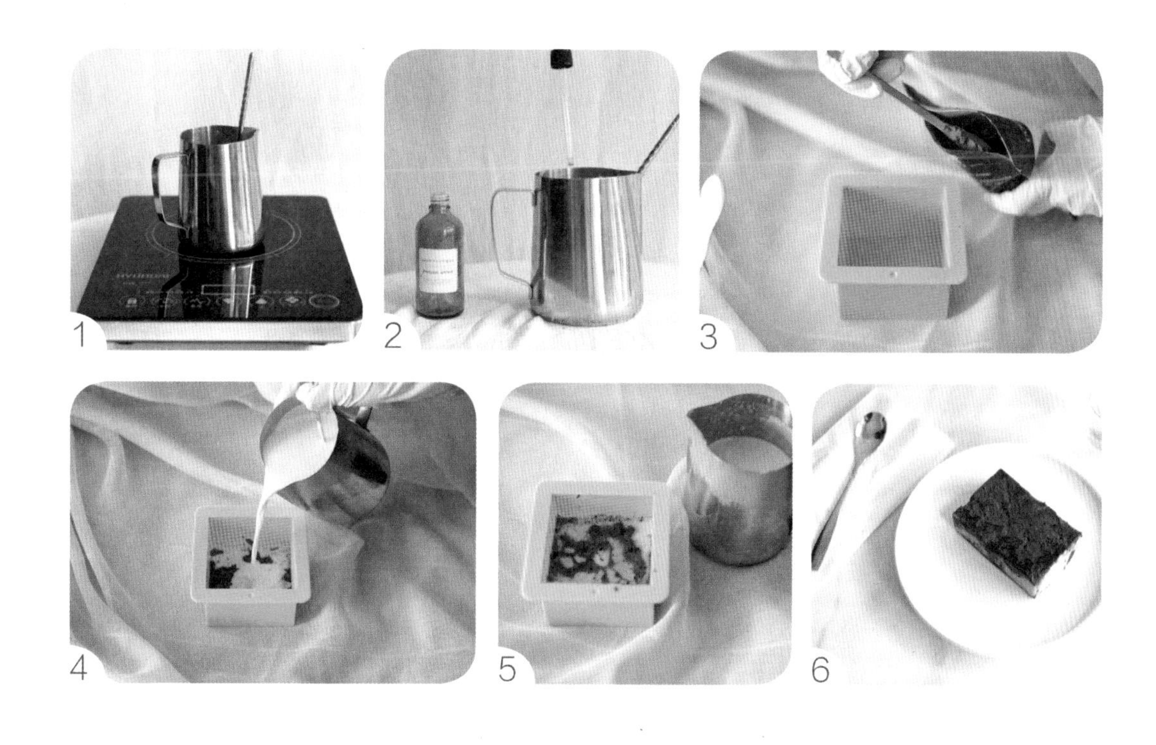

— 材 料 —

白皂基400克、咖啡精油4克（约80滴）、咖啡粉一小把、开口较大的模具、电磁炉、电子秤、不锈钢量杯、长柄勺、美工刀。

— 步 骤 —

1. 将称好的皂基放入不锈钢量杯中，然后放在电磁炉上加热，温度控制在45~55℃。当出现熔化状态时则开始轻轻搅拌，但不要用力过猛，以防皂液溅出。
2. 在熔化好的皂液中滴入精油，搅拌均匀。
3. 将咖啡粉均匀地铺在准备好的模具中，铺满模具底部。
4. 将皂液缓缓地浇在咖啡粉上，大约5厘米深即可。
5. 漂浮在皂液表面的咖啡粉可以撇去，也可留有少许。
6. 静置皂液至完全凝固，再将硅胶模具向外翻开，使手工皂脱模，最后切割成长方形即可。

—食物篇—

华夫饼皂

可爱的外形让人爱不释手，

仿佛到处洋溢着华夫饼的奶香味。

添加植物精油:

柑橘精油（Mandarin Essential Oil）散发着淡淡花香和香甜气味，内含丰富的维生素C，不仅能消炎，淡化妊娠纹和瘢痕，还能增强食欲。它是一款清爽轻盈且对身体十分安全的精油，所以老人和儿童均可使用。在法国，它被认为是一种安全的治疗儿童消化不良和打嗝的良药，同时也被认为可以增强老年人消化和肝脏功能。

主要产地：中国、美国、非洲南部、澳大利亚。

柑橘

GILBEY'S
Special Dry
GIN
70cl e
37.5% Vol

— 材 料 — 白皂基 150 克、柑橘精油 1.5 克（约 30 滴）、棕色颜料、华夫饼模具、电磁炉 、电子秤、纸杯、刮刀、不锈钢量杯、长柄勺、不锈钢小勺。

— 步 骤 —

1. 将称好的皂基放入不锈钢量杯中，然后放在电磁炉上加热，温度控制在 45~55℃。当出现熔化状态时则开始轻轻搅拌，但不要用力过猛，以防皂液溅出。

2. 将熔化好的皂液倒入纸杯中，再滴入精油，搅拌均匀。

3. 倒出 120 克皂液，再在其中滴入棕色颜料 3 滴，搅拌均匀。然后将棕色皂液倒入华夫饼模具中。

4. 等步骤 3 的皂液完全凝固，再将硅胶模具向外翻开，使手工皂脱模。

5. 用刮刀不停搅拌剩余的 30 克皂液，直至呈现像蛋黄酱一样的黏稠状态。

6. 将蛋黄酱状态的皂液涂抹在步骤 4 已脱模的华夫饼上，然后两两反面相粘。静置皂液至完全凝固即可。

—食物篇—

水果香橙皂

甜橙皂的可爱逼真外形，

让小朋友们爱上洗手，

让成年人找回橙子橡皮的童年。

添加植物精油:

甜橙精油（Orange Sweet Essential Oil）温和安全，特别适合小朋友。甜橙精油能预防感冒，对皮肤保湿、酸碱值的平衡、胶原的形成以及身体组织的生长及修复都具有良好的功效。此外甜美的橙香有利于舒缓紧张神经，保持身心愉悦，增进活力。

主要产地：美国、西班牙。

甜橙

— 材 料 —

透明皂基 200 克、白色皂基 100 克、甜橙精油 3 克（约 60 滴）、调配后的橘色颜料、电磁炉、电子秤、长柄勺、纸杯、不锈钢量杯、温度计、美工刀。

— 步 骤 —

1. 将称好的透明皂基和白色皂基分别放入两个不锈钢量杯中，然后放在电磁炉上加热，温度控制在 45~55℃。出现熔化状态时则开始轻轻搅拌，但不要用力过猛，以防皂液溅出。
2. 将熔化好的皂液分别倒入纸杯中，分别搅拌均匀，在透明皂液中加入 2 克精油，在白色皂液中则加入 1 克精油。
3. 倒出 100 克透明皂液，在其中滴入 5~15 滴橘色颜料，颜色深浅则根据自己喜好而定。
4. 静置皂液至完全凝固，将杯子剪开，使之脱模。
5. 将其切割成类似橙子瓤的形状，可以借鉴三棱柱的形状。
6. 再将切好的“橙子瓤”竖着放入纸杯中。

7. 将 100 克保持在 50℃左右的白色皂液，缓缓倒入步骤 6 的纸杯中。
8. 静置皂液至完全凝固，将杯子剪开，用美工刀对底面修整。
9. 准备一个较大的纸杯，倒入剩下的 100 克透明皂液，再在其中加入 5~15 滴橘色颜料，深浅可以参考步骤 3 的颜色，皂液温度也保持在 50℃左右。
10. 将步骤 8 的半成品橙子放入步骤 9 已调好的橘色皂液中。
11. 静置皂液至完全凝固，再将纸杯剪开，使之脱模。
12. 用美工刀修整成品底面，最后切片，厚度可以按照自己的喜好而定。

—食物篇—

丝滑牛奶巧克力皂

牛奶与巧克力的完美搭配，
每次洗手都是与丝滑可可的亲密接触。

肉桂叶

添加植物精油：

肉桂叶精油（Cinnamon Leaf Essential Oil）具有一种既柔和又有些许辛辣的香气，是一种温暖且令人振奋的精油。不仅可以用来缓解精神疲惫和抑郁症状，也可以促进血液流通。所以特别适合老年人在冬季使用。肉桂叶的使用在东方已有数千年的历史，在治疗感冒和流感方面功效显著。

主要产地：印度尼西亚、斯里兰卡、印度等。

— 材 料 —

白皂基 60 克、肉桂叶精油 0.8 克（约 16 滴）、鲜牛奶 20 克、巧克力粉、模具、电磁炉、长柄勺、不锈钢量杯、电子秤、纸杯。

— 步 骤 —

1. 将称好的皂基放入不锈钢量杯中，然后放在电磁炉上加热，温度控制在 45~55℃。当出现熔化状态时则开始轻轻搅拌，但不要用力过猛，以防皂液溅出。
2. 将熔化好的皂液倒入纸杯中，再滴入精油，搅拌均匀。
3. 将 20 克鲜牛奶倒入 60 克白皂液中，搅拌均匀。
4. 将少许巧克力粉撒入步骤 3 的综合皂液中并搅拌均匀。若有巧克力颗粒浮在表面，属于正常现象，可以用勺子撇去漂浮着的粗颗粒。
5. 将巧克力综合皂液沿着模具内壁缓缓倒入模具中。
6. 静置皂液至完全凝固，再将硅胶模具向外翻开，使手工皂脱模。

—食物篇—

甜甜圈皂

每次制作甜甜圈皂，总想着，

小朋友们不会误吃吧？

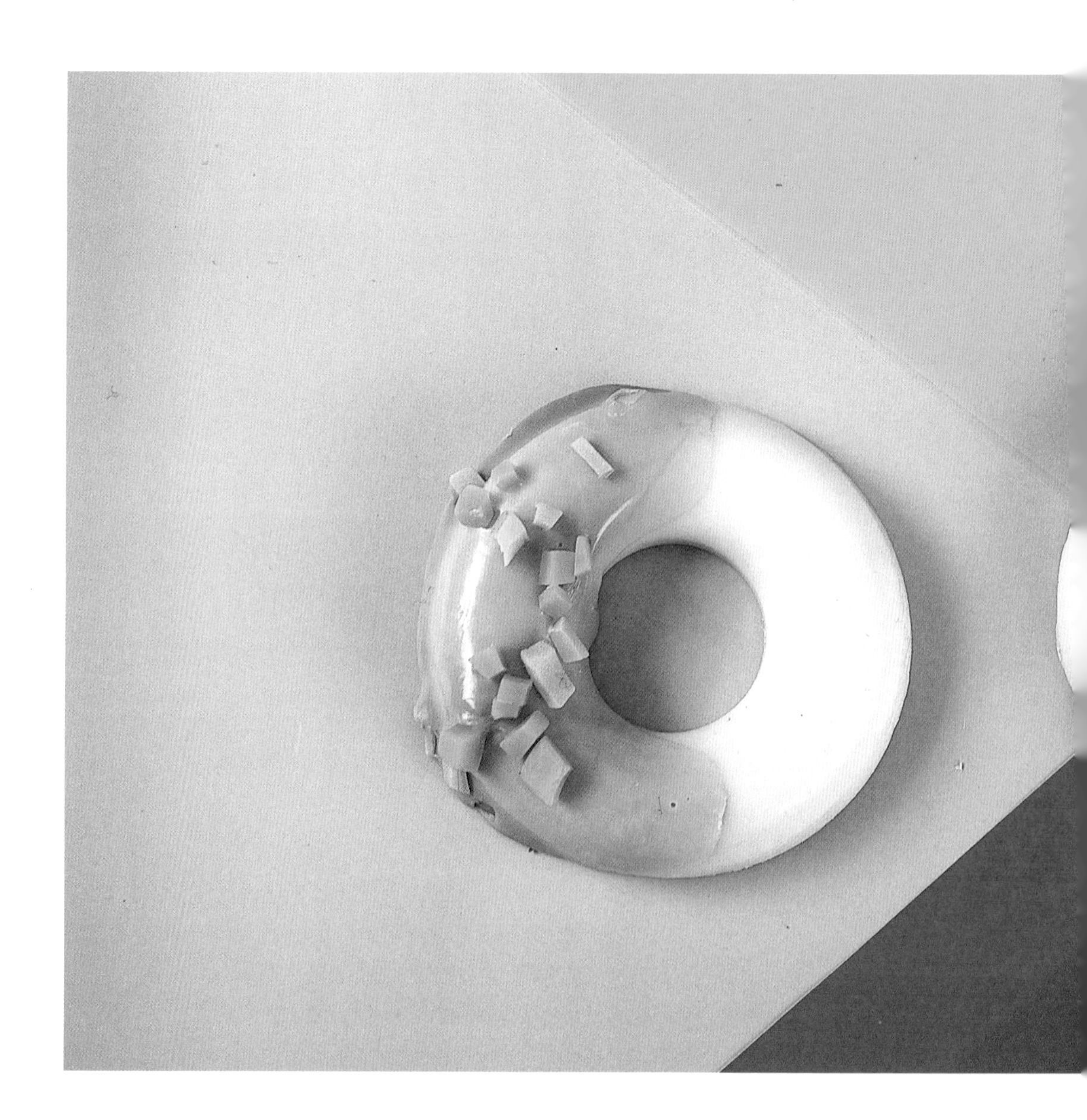

添加植物精油:

巧克力精油（Chocolate Essential Oil）也叫可可精油，提取自可可树的豆或豆荚，一般呈深褐色，具有一股浓郁而甜美的气息。巧克力精油富含抗氧化剂，有助于使身体中的细胞、胶原蛋白和弹性蛋白免受自由基引起的损伤。

主要产地：加纳、科特迪瓦、法国。

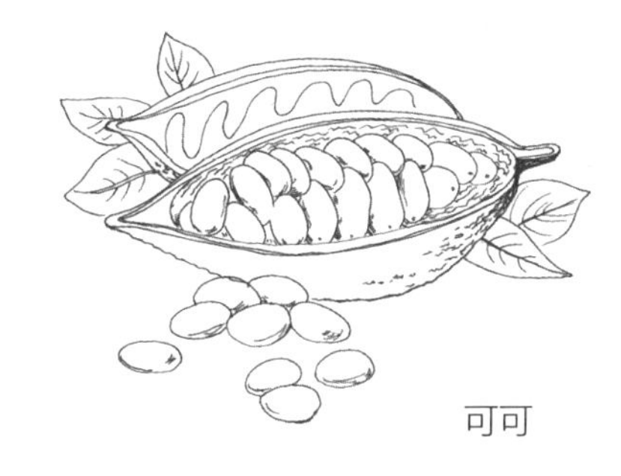

可可

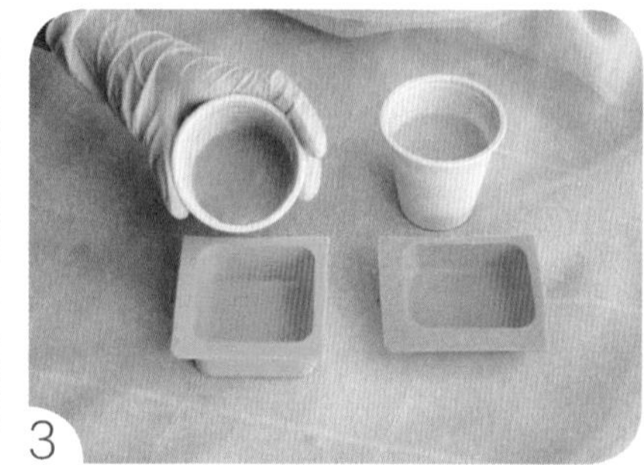

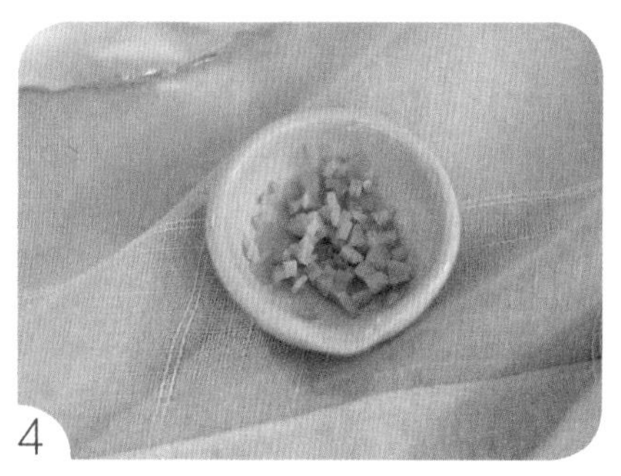

— 材 料 —

白皂基 200 克、巧克力精油 2 克（约 40 滴）、棕 / 黄 / 粉色的调配颜料、美工刀、电磁炉、模具、不锈钢量杯、电子秤、纸杯、长柄勺、不锈钢勺子。

— 步 骤 —

1. 将称好的皂基放入不锈钢量杯中，然后放在电磁炉上加热，温度控制在 45~55℃。当出现熔化状态时则开始轻轻搅拌，但不要用力过猛，以防皂液溅出。

2. 将熔化好的皂液倒入纸杯中，再滴入精油，搅拌均匀。

3. 准备好两个杯子里各倒入 15 克皂液，分别加入黄、粉色的颜料并搅拌均匀，再分别倒入浅口模具。

4. 静置皂液至完全凝固，再将硅胶模具向外翻开，使皂片脱模，用美工刀切成碎粒备用。

5. 再将 120 克白色皂液倒入甜甜圈模具中，注意不要溢出来。

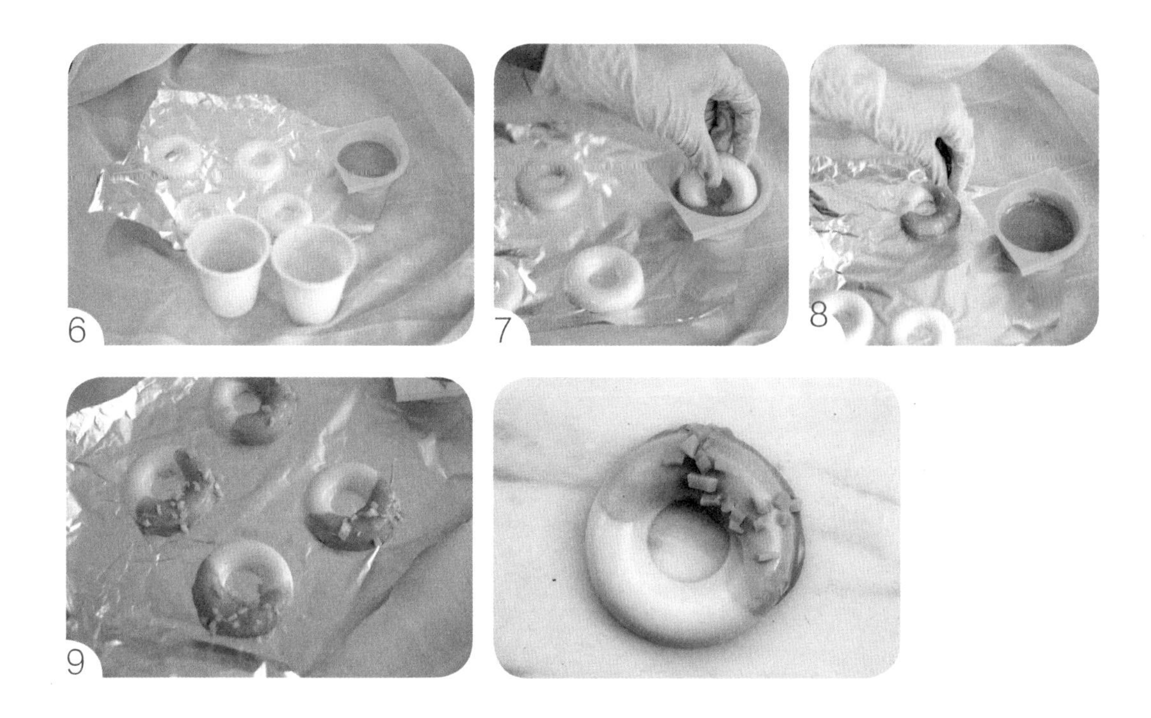

6. 将步骤 5 中的甜甜圈主体脱模静置备用，在剩余的白色皂液中滴入 5~10 滴棕色颜料（颜色深浅根据自己喜好而定）并倒入一个浅口模具中备用。

7. 将甜甜圈主体沾入备好的棕色皂液，覆盖面积根据自己喜好来决定。

8. 将甜甜圈放在干净的锡箔纸上，当甜甜圈主体上的棕色皂液半干时，将步骤 4 中准备的皂粒洒在棕色皂液上。

9. 静置皂液至完全凝固，即完成了甜甜圈手工皂的制作。

—食物篇—

卷卷糖皂

制作过程略微复杂，
但是成品的童话感却让人爱不释手。

添加植物精油：

葡萄柚精油（Grapefruit Essential Oil）。

葡萄柚性凉味甘，具有清热止渴之效。葡萄柚产自一种常绿的树，花朵呈白色，果实则呈淡黄色，与其他柑橘品种一样，维生素C含量极高，维生素C含量极高，可以预防流感，并且可以有效缓解肌肉疲乏。葡萄柚精油具有浓郁的柑橘和水果气息，香味扑鼻，清新芬芳。故而不仅有着令人振奋的功效，还能缓解疲惫，并帮助治疗抑郁症，同时也是加入沐浴露的理想精油。此外葡萄柚精油还能滋养组织细胞、增强体力，舒缓支气管炎症状、利尿，也具有改善肥胖、水肿及淋巴系统疾病以及抗感染的功效。

主要产地：美国。

葡萄柚

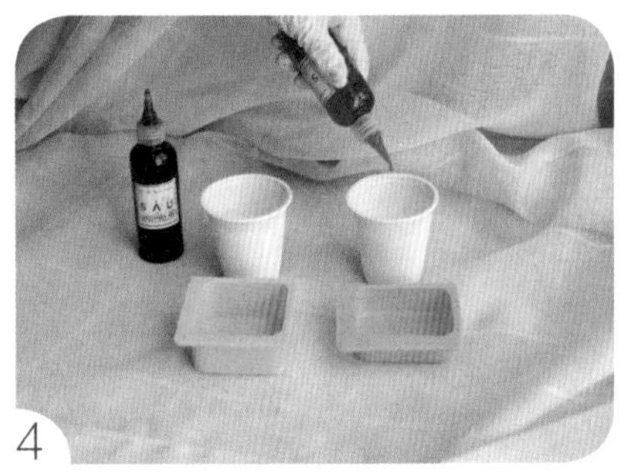

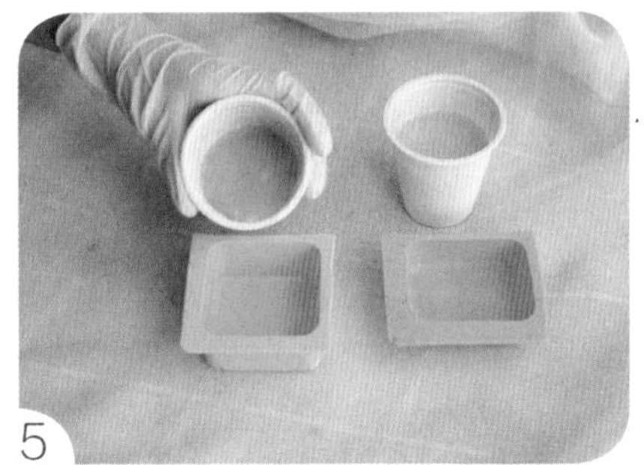

— 材 料 —

透明皂基 50 克、白皂基 30 克、葡萄柚精油 0.8 克（约 16 滴）、黄 / 红色配比调和后的颜料、电磁炉、电子秤、纸杯、不锈钢量杯、美工刀、长柄勺、模具、温度计、酒精喷壶。

— 步 骤 —

1. 将称好的白皂基放入不锈钢量杯中，然后放在电磁炉上加热，温度控制在 45~55℃。当出现熔化状态时则开始轻轻搅拌，但不要用力过猛，以防皂液溅出。
2. 将熔化好的白皂液倒入纸杯中，再滴入精油，搅拌均匀。
3. 在两个杯子里各倒入 15 克皂液。
4. 在每个杯子里，各自加入不同的颜料并搅拌均匀。
5. 将步骤 4 中的两杯有颜色的皂液分别倒入不同的模具。

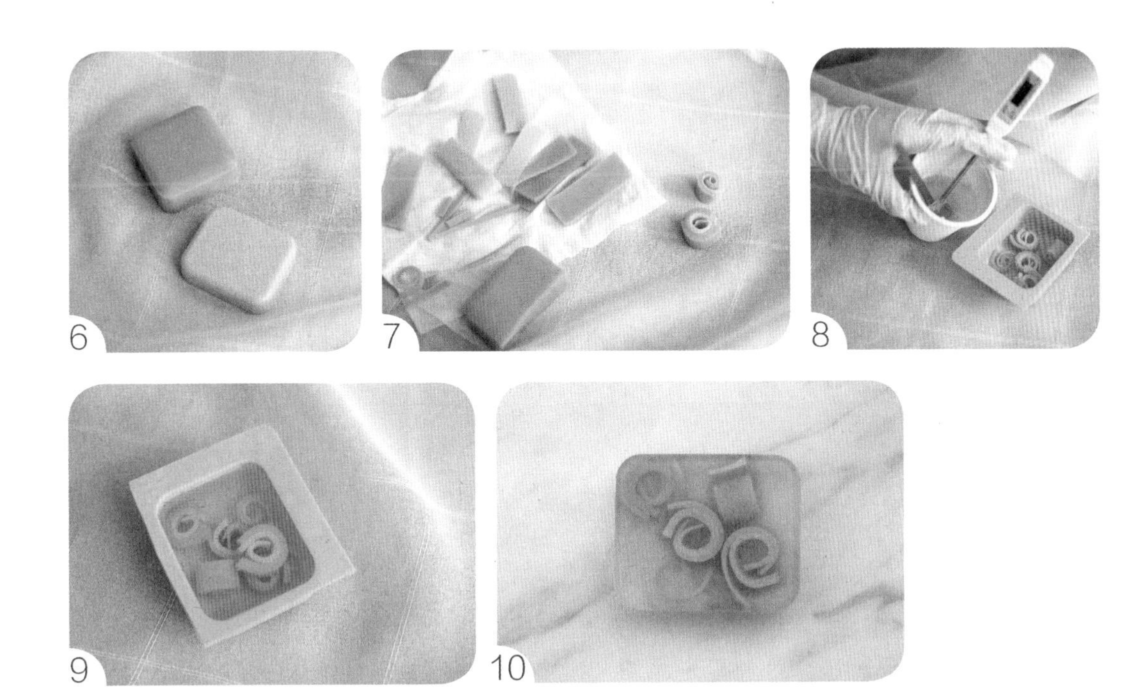

6. 静置皂液至完全凝固，却保有余温的时候，将硅胶模具外翻拨开，使手工皂面脱模。

7. 将保有余温的皂片进行切割，并两片结合卷在一起，呈自然弯曲状，零散地放入模具中。

8. 按照步骤 1 的操作，制作出透明的皂液，并使其温度保持在 50℃，再将其沿着模具内壁缓缓地倒入模具中， 淹没模具中的弯曲皂片。

9. 拿出酒精喷壶在皂液表面出现气泡的地方斜着喷一下，这样可以去除表面的泡沫，让成品皂表面更加平滑。

10. 静置皂液至完全凝固，再将硅胶模具向外翻拨开，使手工皂脱模。

—食物篇—

燕麦塔皂

具有磨砂功效的燕麦皂，既健康又实用。

添加植物精油：

杜松子精油（Juniper Berry Essential Oil）

味道清新干净，温暖的辛辣味中略带松木香味。杜松为常绿灌木，开小黄花，结的球果在成熟后会由绿色转为红色、黑色或深蓝色，这是用于萃取精油的主要部位。在意大利和法国，它也是一种流行的烹饪草药，暗红色外皮的杜松子与生俱来的浓郁苦味及甘甜味，使之成为调配琴酒的香料之一。杜松子泡茶具有利尿功效，对减肥也颇有效果。杜松子精油一般呈淡黄或淡绿色，具有收敛、杀菌和解毒的效果，非常适合治疗痤疮、湿疹、皮肤炎和干癣等。在泡脚时，滴入几滴杜松子精油，可以起到活血通络、去除脚气脚臭的作用。

主要产地：意大利、法国、匈牙利以及加拿大等。

杜松子

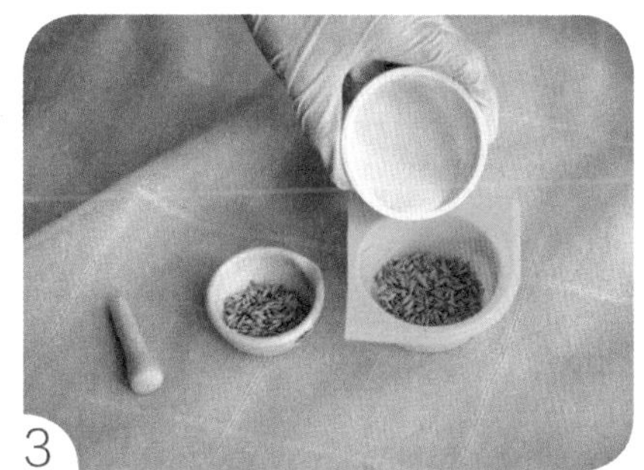

— 材 料 —

白皂基 80 克、杜松子精油 0.8 克（约 16 滴）、燕麦颗粒一把、圆形模具、电子秤、电磁炉、纸杯、长柄勺、不锈钢量杯。

— 步 骤 —

1. 将称好的皂基放入不锈钢量杯中，然后放在电磁炉上加热，温度控制在 45~55℃。当出现熔化状态时则开始轻轻搅拌，但不要用力过猛，以防皂液溅出。

2. 将熔化好的皂液倒入纸杯中，再滴入精油，搅拌均匀。

3. 将选好的燕麦颗粒摆入模具中。

4. 将皂液沿着模具内壁缓缓倒入，淹没燕麦颗粒，若有燕麦颗粒漂浮在表面，属于正常现象。

5. 静置皂液至完全凝固，再将硅胶模具向外翻开，使手工皂脱模。

—食物篇—

枣子棒冰皂

拿着枣子棒冰洗手，

准会把别人整蛊到！

添加植物精油:

蜡菊精油（Immortelle Essential Oil）。蜡菊可以长到60厘米高,有一个菊花状的花朵,虽会随着植物的成熟而变得干燥，但依旧保持其颜色。中国人称之为麦秆菊，意大利蜡菊另有一个浪漫的名字叫作意大利永久花。蜡菊具有温和的芳香，是一种淡淡木香夹杂药味的香气。蜡菊精油可为细胞提供丰富的营养及养分,加速肌底的微循环及细胞再生,提升肌肤的光泽。它还适用于治疗慢性免疫疾病。

主要产地：地中海东部地区。

蜡菊

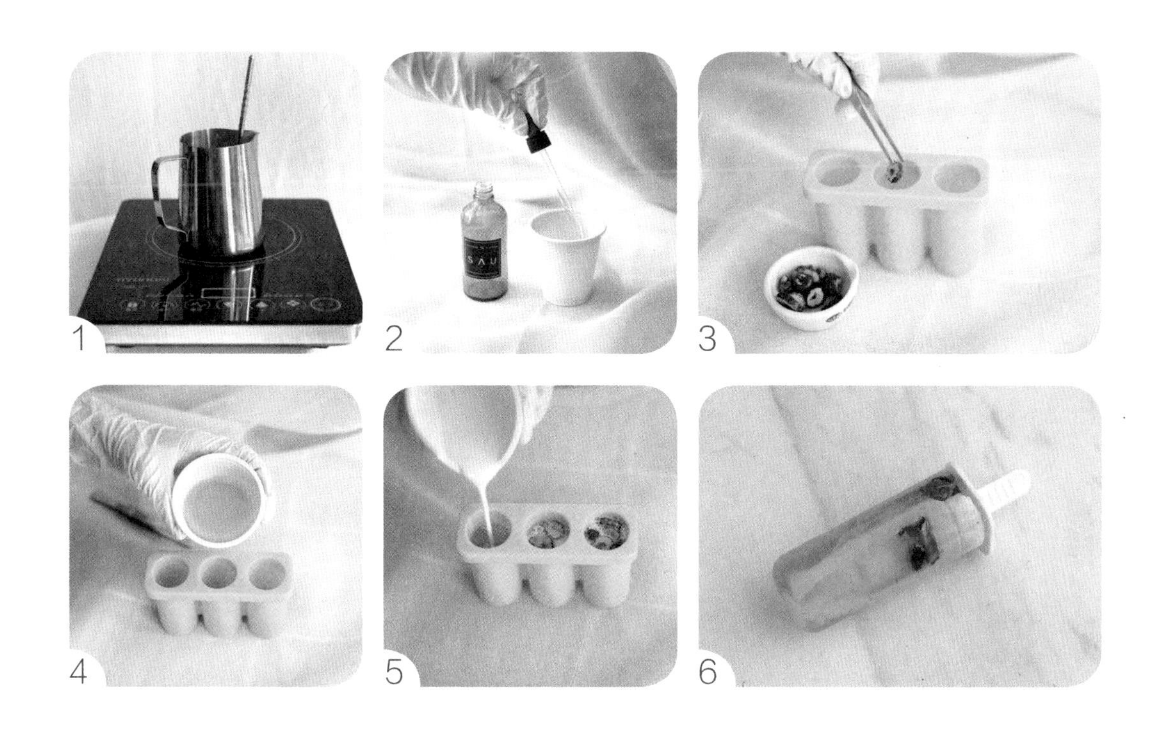

— 材 料 —

透明皂基 60 克、白皂基 15 克、蜡菊精油 0.8 克（约 16 滴）、枣子干若干、棒冰模具、电磁炉、电子秤、镊子、长柄勺、不锈钢量杯、纸杯。

— 步 骤 —

1. 将称好的白皂基和透明皂基分别放入不锈钢量杯中，然后分别放在电磁炉上加热，温度控制在 45~55℃。当出现熔化状态时则开始轻轻搅拌，但不要用力过猛，以防皂液溅出。

2. 分别将熔化好的透明皂液和白皂液倒入不同的纸杯中，滴入精油，搅拌均匀。

3. 将枣子干分别放在棒冰模具里。

4. 将透明皂液分别倒入棒冰模具，每个模具约 20 克（视容量大小而定）。

5. 在步骤 4 的模具里再分别加入 5 克白色皂液，倒入的高度离模具约 10 厘米，让白皂液凭重力浸入透明皂液中，而不是漂浮在表面。然后将棒冰棍轻轻插入模具。

6. 静置皂液至完全凝固，再将硅胶模具向外翻开，使手工皂脱模。

—食物篇—

蜂蜜蜂巢皂

加入了蜂蜜的蜂巢皂，不仅外形逼真，
使用起来也会比普通精油皂更加滋润和健康。

添加植物精油：

柠檬草

柠檬草精油（Lemongrass Essential Oil）。具有清新且浓郁的草本香气。这种芳香草为多年生植物，生长速度极快，叶片可以长到超过 1 米。柠檬草精油可以振奋精神，提高注意力。它还可以缓解疼痛、肌肉痉挛和紧张，所以运动之后使用再好不过了。此外它还可以驱除动物身上的跳蚤、害虫，也有一定的除臭功能。再者，柠檬草精油还能增进哺乳期妈妈的乳汁分泌。

主要产地：西印度群岛以及印度。

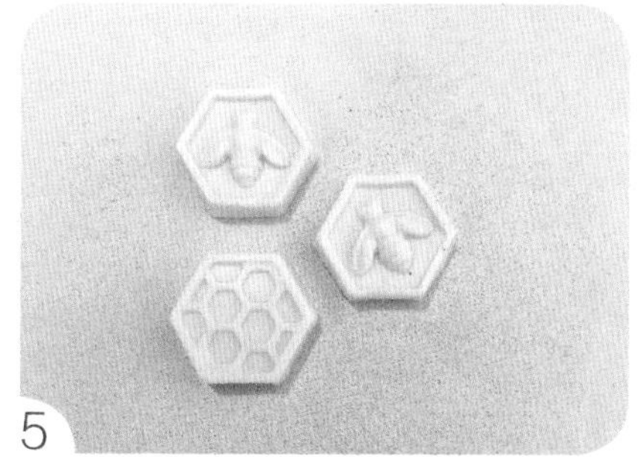

— 材 料 —

白皂基 80 克、柠檬草精油 1 克（约 20 滴）、蜂蜜 16 克、蜂巢模具、不锈钢量杯、电子秤、电磁炉、纸杯、长柄勺。

— 步 骤 —

1. 将称好的皂基放入不锈钢量杯中，然后放在电磁炉上加热，温度控制在 45~55℃。当出现熔化状态时则开始轻轻搅拌，但不要用力过猛，以防皂液溅出。
2. 将熔化好的皂液倒入杯中，再滴入精油，搅拌均匀。
3. 将 16 克蜂蜜倒入皂液中，搅拌均匀。
4. 将步骤 3 形成的皂液轻轻地倒入蜂巢模具中，注意不要溢出格子。
5. 静置皂液至完全凝固，再将硅胶模具向外翻开，使手工皂脱模。

—色彩篇—

双色皂

有趣的双色皂，
可以自己随意搭配色系，趣味十足。

丁香花蕾

添加植物精油：

丁香花蕾精油（Clove Bud Essential Oil）。丁香兼有清新温和且些许辛辣的气息。丁香花蕾精油能够带给人一种温暖和活力的感觉，有助于振奋精神，提高注意力，也可以刺激循环并缓解肌肉酸痛。丁香花蕾精油还可以消肿抗炎，治疗皮肤溃疡和疥癣，促进愈合，改善粗糙肌肤。此外，它对消化不良也有帮助，也可用于缓解分娩疼痛。

主要产地：马达加斯加以及印度尼西亚。

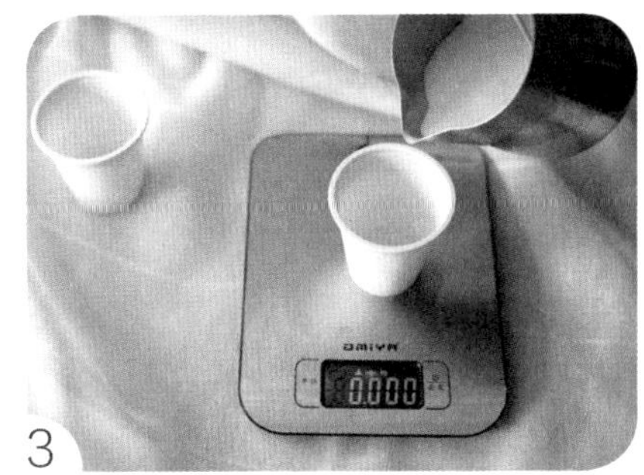

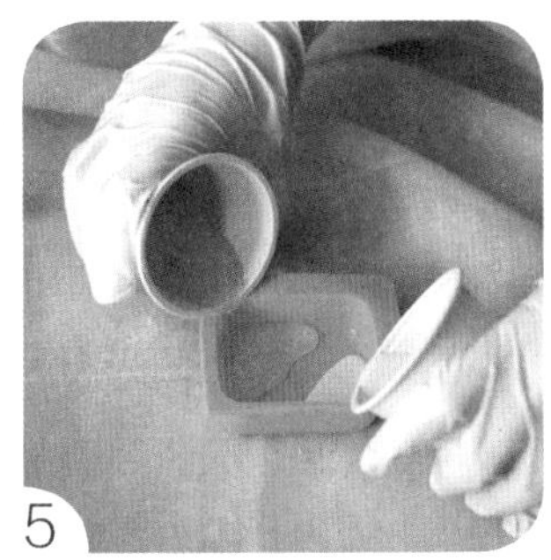

— 材 料 —

白皂基80克、丁香花蕾精油0.8克(约16滴)、两种颜色的颜料、简单模具、电子秤、电磁炉、纸杯、不锈钢量杯、长柄勺。

— 步 骤 —

1. 将称好的皂基放入不锈钢量杯中，然后放在电磁炉上加热，温度控制在45~55℃。当出现熔化状态时则开始轻轻搅拌，但不要用力过猛，以防皂液溅出。

2. 在熔化好的皂液中，滴入精油，搅拌均匀。

3. 准备好两个纸杯，向其中各倒入40克皂液。

4. 在每个杯子里，各自加入不同的颜料并搅拌均匀。

5. 将步骤4中的两杯有颜色的皂液沿着模具对角同时缓缓倒入模具中，并尽量保持流速一致。

6. 静置皂液至完全凝固，再将硅胶模具向外翻开，使手工皂脱模。

—色彩篇—

立体三色皂

制作过程中进行多种颜色搭配，
对色彩敏感的人，可以搭配出艺术感极强的精油皂。

鼠尾草

添加植物精油：

快乐鼠尾草精油（Clary Sage Essential Oil）具有甜美的草本香气，能令人感到放松、幸福和快乐，可以镇定紧张情绪，改善头疼和偏头痛，舒缓焦虑的心情。快乐鼠尾草精油也可调节皮肤油脂分泌，修护皮肤细胞组织，减轻发炎症状，帮助改善出油、粉刺、痤疮等肌肤问题。

主要产地：巴尔干半岛、英国。

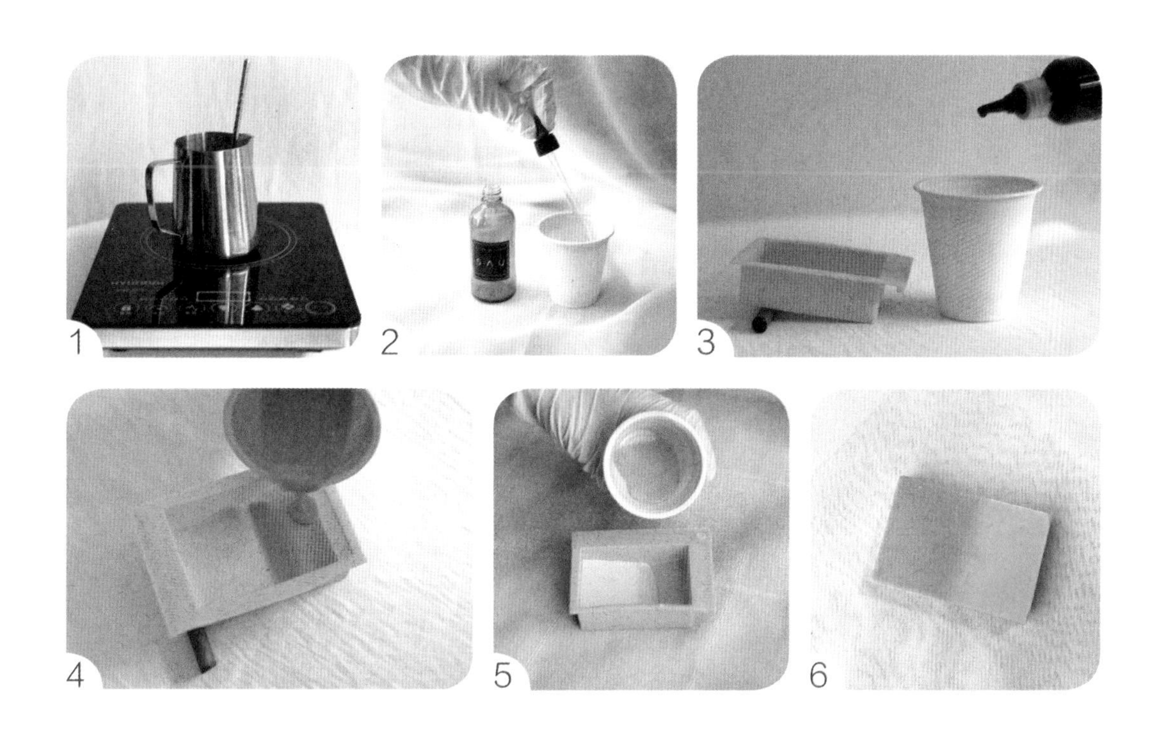

— 材 料 —

白皂基90克、快乐鼠尾草精油0.9克（约18滴）、黄/绿/紫三种颜色的颜料、简单模具、不锈钢量杯、长柄勺、电子秤、纸杯、电磁炉。

— 步 骤 —

1. 将称好的皂基放入不锈钢量杯中，然后放在电磁炉上加热，温度控制在45~55℃。当出现熔化状态时开始轻轻搅拌，但不要用力过猛，以防皂液溅出。

2. 将熔化好的皂液倒入纸杯中，再滴入精油，搅拌均匀。

3. 将模具下方的一侧垫高，使模具与桌面成10度角。倒出30克皂液，加入第一种颜料并搅拌均匀，将其沿模具内壁缓缓倒入。

4. 皂液凝固后，将模具下方另一侧垫高，使模具与桌面成10度角。再倒出30克皂液，加入第二种颜料并搅拌均匀，再将其继续倒入模具。

5. 皂液凝固后，将所有垫高物品取出。再倒出30克皂液，加入第三种颜料并搅拌均匀，再将其继续倒入模具。

6. 静置皂液至完全凝固，再将硅胶模具向外翻开，使手工皂脱模。

—色彩篇—

平面四色皂

四色皂的乐趣就在于：
使用过程中可以感受到四种颜色在指尖的舞蹈。

添加植物精油：

松树精油（ Pine Essential Oil ）具有清新的木香，能令人恍若深入森林之中，让疲惫的心灵得以休息，振奋精神。美洲印第安人用它来防治坏血病、驱除虱子和跳蚤。松树精油也是很好的抗菌剂，有利于治疗支气管炎、喉炎和流行性感冒。

主要产地：北欧、俄罗斯东北部。

松树

1

2

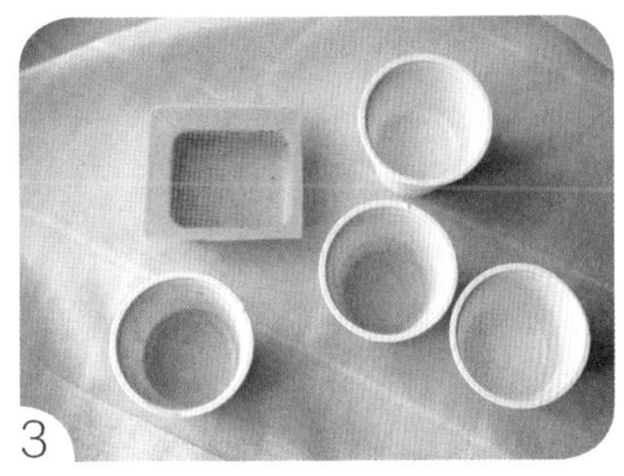
3

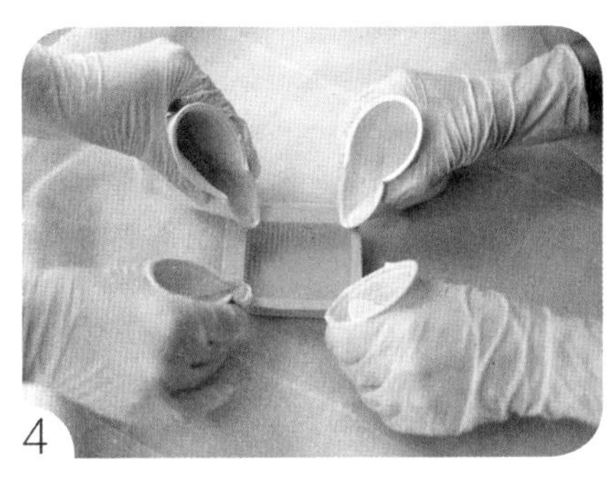
4

5

— 材 料 —

白皂基 80 克、松树精油 0.8 克（约 16 滴）、四色颜料、简易模具、纸杯、不锈钢量杯、长柄勺、电子秤、电磁炉。

— 步 骤 —

1. 将称好的皂基放入不锈钢量杯中，然后放在电磁炉上加热，温度控制在 45~55℃。当出现熔化状态时开始轻轻搅拌，但不要用力过猛，以防皂液溅出。
2. 将熔化好的皂液倒入纸杯中，再滴入精油，搅拌均匀。
3. 准备好四个杯子，各倒入 20 克皂液，再在每个杯子里各加入不同的颜料并搅拌均匀。
4. 将步骤 3 中的四款不同颜色的皂液沿着模具的四个角同时缓缓倒入模具中，并尽量保持流速一致。
5. 静置皂液至完全凝固，再将硅胶模具向外翻开，使手工皂脱模。

—礼品篇—

可爱爱心皂

“连精油皂里都有爱你的形状！”

快做一个送给想要表达爱意的人吧！

添加植物精油：
草莓籽精油（Strawberry Essential Oil）。
数千年来，草莓一直是一种广受欢迎的、对身体健康有益的水果。然而古罗马人、古希腊人以及古埃及人却都使用草莓来治疗痤疮等皮肤问题。草莓籽精油酸酸甜甜的气味有利于放松身心，使人们拥有好心情。
主要产地：马来西亚等。

草莓

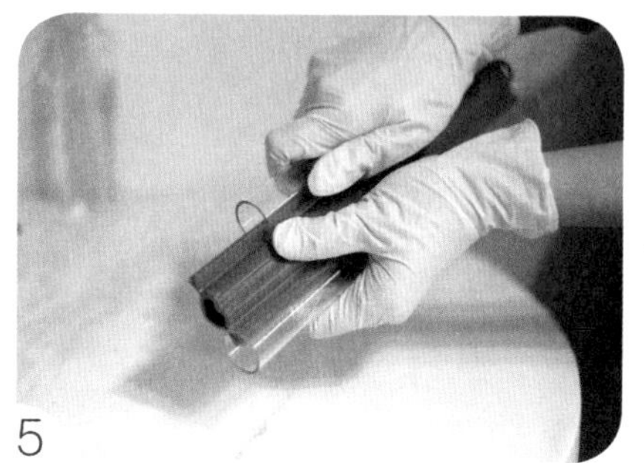

— 材 料 —

白皂基500克、草莓籽精油5克（约100滴）、立体爱心模具、大号模具、电子秤、电磁炉、美工刀、长柄勺、不锈钢量杯、塑料杯、温度计。

— 步 骤 —

1. 将称好的皂基放入不锈钢量杯中，然后放在电磁炉上加热，温度控制在45~55℃。当出现熔化状态时则开始轻轻搅拌，但不要用力过猛，以防皂液溅出。

2. 将熔化好的皂液倒入塑料杯中，再滴入精油，搅拌均匀。

3. 倒出20克皂液，在其中加入2滴红色颜料，并充分搅拌。

4. 将粉色皂液倒入爱心模具中，静置模具，尽量不要移动，以免破坏皂液表面的平整度。

5. 静置皂液至完全凝固，再将硅胶模具向外翻开，使爱心部分的手工皂完成脱模。

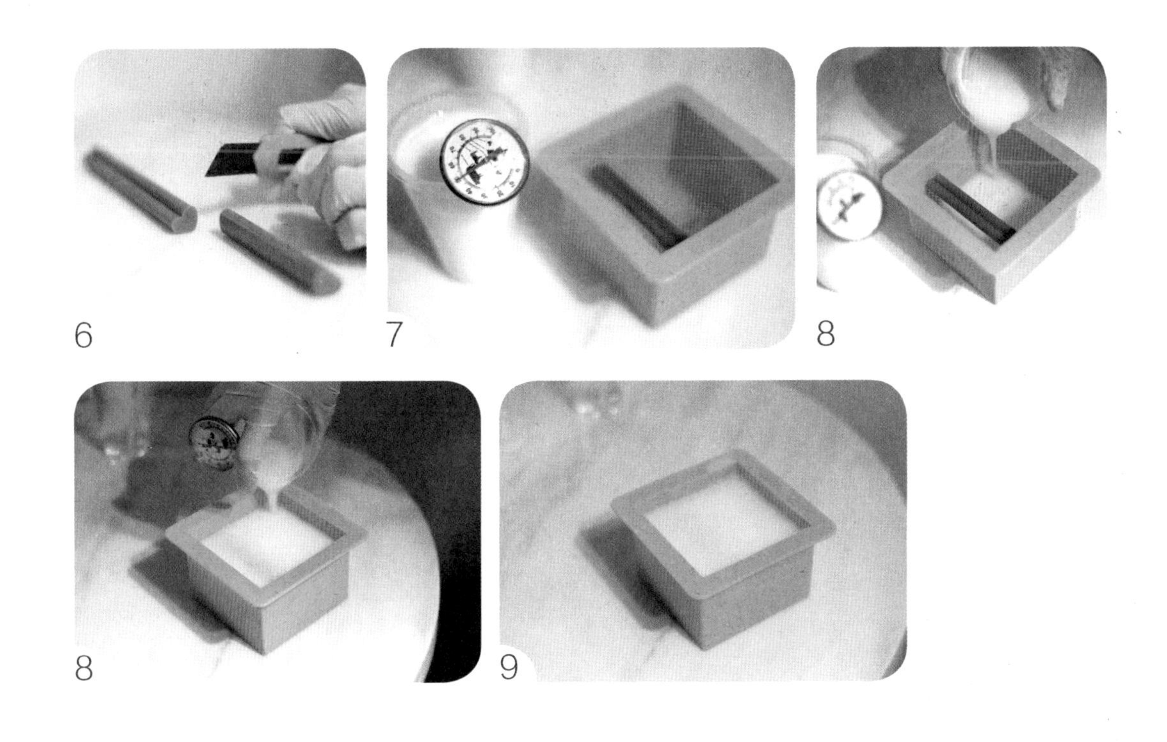

6. 将爱心长条皂根据大模具的宽度进行切割。

7. 将切割好的爱心长条卡在大模具两壁之间。

8. 将步骤 2 中剩余的白色皂液温度保持在 50^0 左右，然后将白色皂液沿着模具内壁缓缓地倒入模具中。

9. 静置皂液至完全凝固，再将硅胶模具向外翻开，使手工皂脱模即可。

—礼品篇—

立体玫瑰花透明皂

做完后边使用边欣赏玫瑰花，
既悦目，又能为浪漫的你增添好心情。

玫瑰

添加植物精油：

玫瑰精油（Rose Essential Oil）被称为“精油之后”，是世界上最昂贵的精油之一。保加利亚的玫瑰精油尤为出众，浓郁的花香带来一种浪漫的幸福感。玫瑰精油能消炎杀菌，防传染病、发炎和痉挛，促进细胞新陈代谢及细胞再生；也能调节内分泌、促进激素分泌，有一定的催情作用。玫瑰精油在紧实舒缓、滋养皮肤，延缓衰老等方面也功效显著。

主要产地：保加利亚。

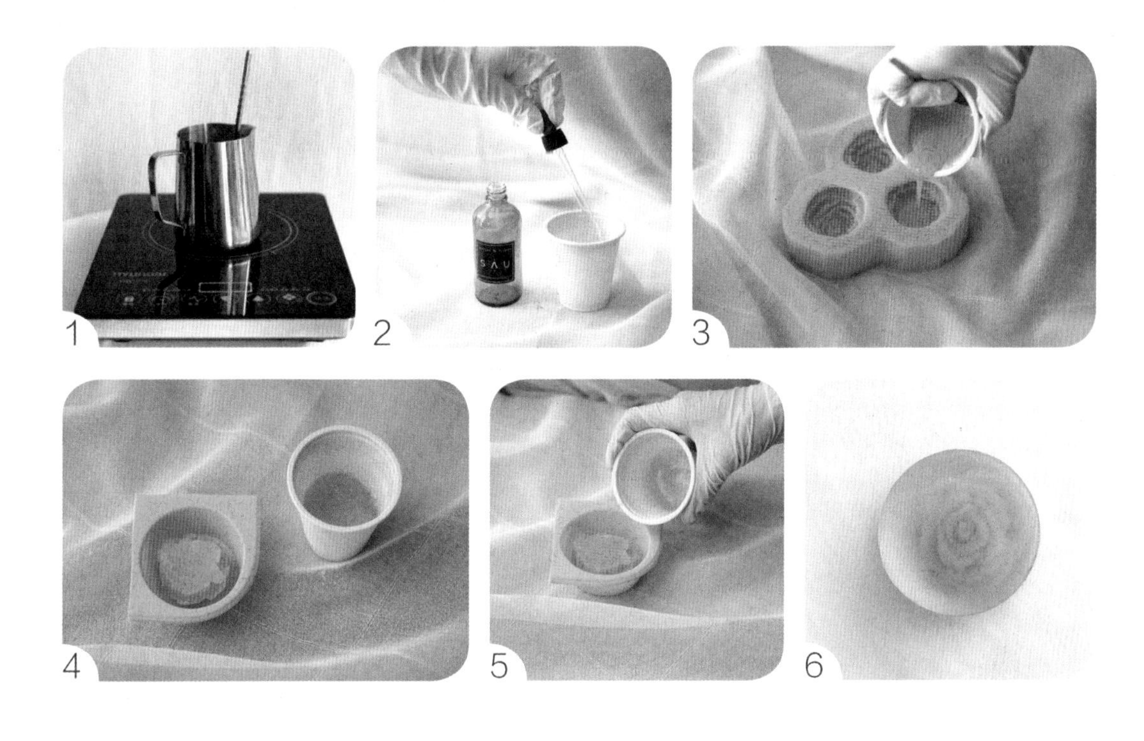

— 材 料 —

白皂基 40 克、透明皂基 40 克、玫瑰精油 0.8 克（约 16 滴）、小花朵模具、电子秤、电磁炉、纸杯、不锈钢量杯、长柄勺。

— 步 骤 —

1. 将称好的透明皂基和白皂基分别放入不锈钢量杯中，放在电磁炉上加热，温度控制在 45~55℃，当出现熔化状态时则开始轻轻搅拌，但不要用力过猛，以防皂液溅出。

2. 在熔好的皂液中，分别滴入 8 滴精油，搅拌均匀。

3. 倒出 40 克白皂液，加入 2 滴红色颜料并充分搅拌，再将其倒入花朵形状的模具中。

4. 静置皂液至完全凝固，将花朵脱模。花瓣部分比较薄，需要小心地翻过来放在模具中。

5. 将剩余的透明皂液保持在 50℃左右，沿着模具内壁缓缓倒入淹没花朵。

6. 静置皂液至完全凝固，再将硅胶模具翻开脱模。

—礼品篇—

酷酷的大理石皂

这款精油皂有着简洁又不失乐趣的大理石纹路，特别适合男生制作和使用。

生姜

添加植物精油：

生姜精油（Ginger Essential Oil）：生姜在古希腊人、古罗马人和阿拉伯人的文献中都有药用记载，被称作助消化的神物；我国传统中医利用姜祛除湿气和寒气。生姜精油是一种颜色微绿，兼具温暖辛辣和清新木香气味的精油，不仅有助于消散瘀血、治疗创伤，也有助于调理皮肤，对去肠胃胀气、流行性感冒和腹泻也有效。生姜精油还以缓解焦虑和恢复活力而著称。

主要产地：亚洲。

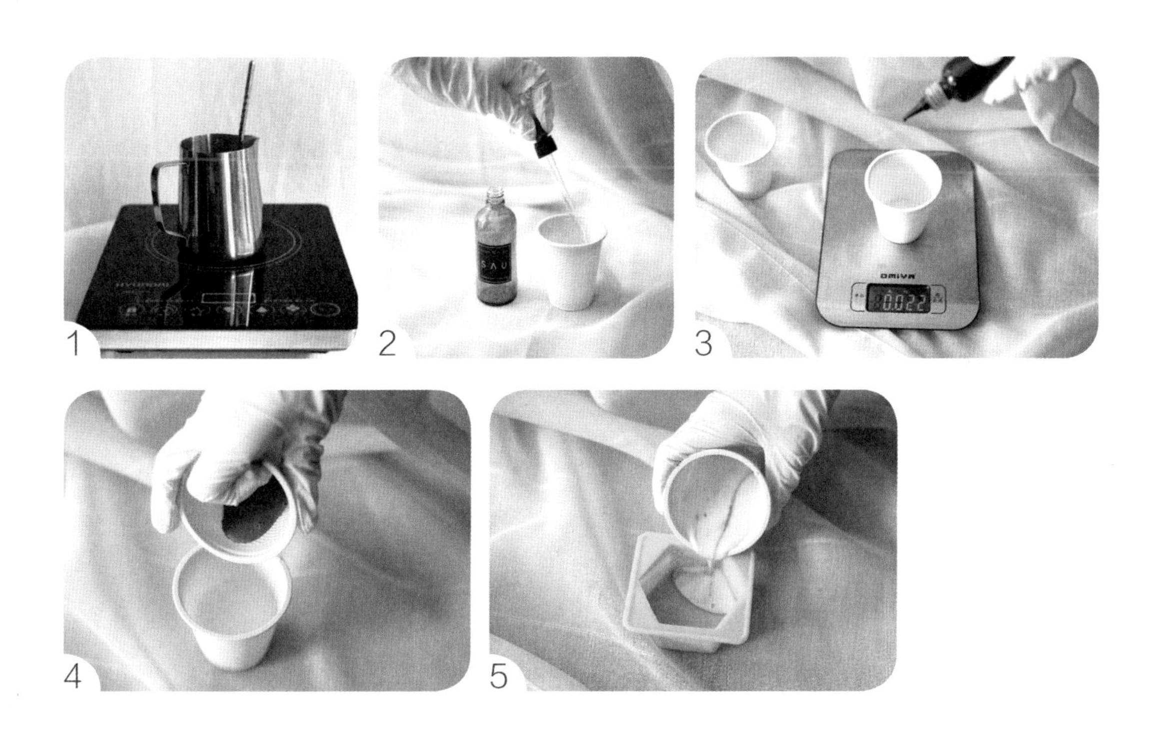

— 材 料 —

白皂基 80 克、生姜精油 0.8 克（约 16 滴）、灰色颜料、模具、电子秤、长柄勺、纸杯、不锈钢量杯。

— 步 骤 —

1. 将称好的皂基放入不锈钢量杯中，然后放在电磁炉上加热，温度控制在 45~55℃。当出现熔化状态时则开始轻轻搅拌，但不要用力过猛，以防皂液溅出。

2. 将熔化好的皂液倒入纸杯中，再滴入生姜精油，搅拌均匀。

3. 倒出 5 克皂液，加入 5 滴灰色颜料，充分搅拌。

4. 将步骤 3 的灰色皂液倒入剩余的 75 克白色皂液正中间，不要搅拌，轻轻晃动杯子即可。

5. 将步骤 4 中最后的皂液沿着模具内壁缓缓倒入模具中。静置皂液至完全凝固，再将硅胶模具向外翻开，使手工皂脱模。

—礼品篇—

红茶三层皂

红茶有暖身功效，做成皂可以起到磨砂作用。
制作时也可以替换为其他植物。
三层皂的侧面和中间部分是透明的，放置在洗手台，
如同一块有趣的矿石。

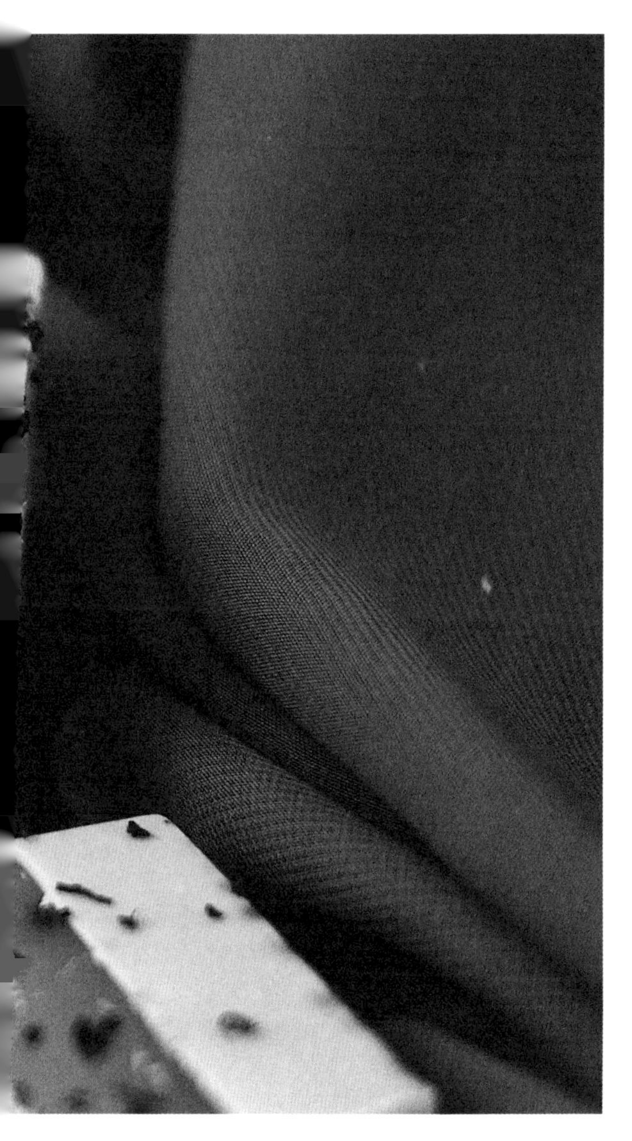

添加植物精油：

茶树精油（Tea tree Essential Oil）。互叶白千层（澳洲茶树）原产于澳大利亚，是一种带有针状长绿叶的小树，通常具有片状剥落的树皮。茶树精油清新浓郁并伴有淡淡甜味的木质香气。茶树精油具有收敛毛孔的作用，也有治疗伤风感冒、咳嗽、鼻炎、哮喘，改善痛经、月经不调及生殖器感染等功效。茶树精油主要适用于油性及粉刺性皮肤。另外也可用于治疗化脓伤口及灼伤、晒伤、脚气及头屑。茶树精油因抗菌，防腐、抗病毒和抗真菌的显著效果，而被广泛认可和使用。主要产地：澳大利亚。

互叶白千层（澳洲茶树）

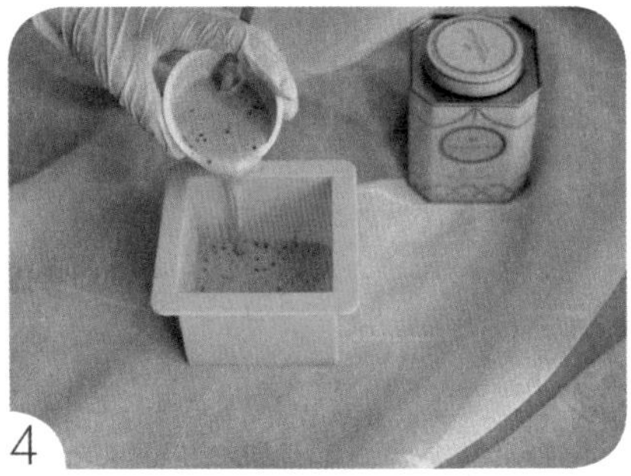

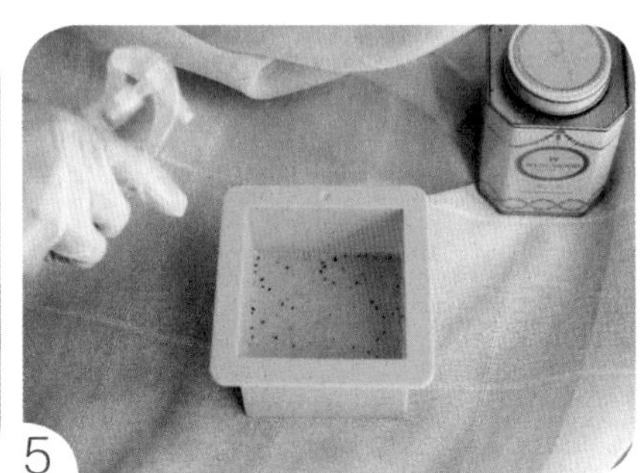

— 材 料 —

白皂基 200 克、透明皂基 100 克、茶树精油 3 克（约 60 滴）、一小把红茶、电磁炉、电子秤、温度计、长柄勺、酒精喷壶、纸杯、不锈钢量杯。

— 步 骤 —

1. 将称好的透明皂基和白皂基放入不同的不锈钢量杯中，然后分别放在电磁炉上加热，温度控制在 45~55℃。当出现熔化的状态时则开始轻轻搅拌，但不要用力过猛，以防皂液溅出。

2. 将熔好的皂液倒入纸杯中，在白皂液中滴入 2/3 的精油，在透明皂液中滴入 1/3 的精油。

3. 倒出 100 克白皂液，加入红茶若干，搅拌均匀。

4. 将步骤 3 中的综合皂液沿着模具内壁缓缓倒入模具。

5. 拿出酒精喷壶朝着皂液表面有气泡的地方斜着喷一下。

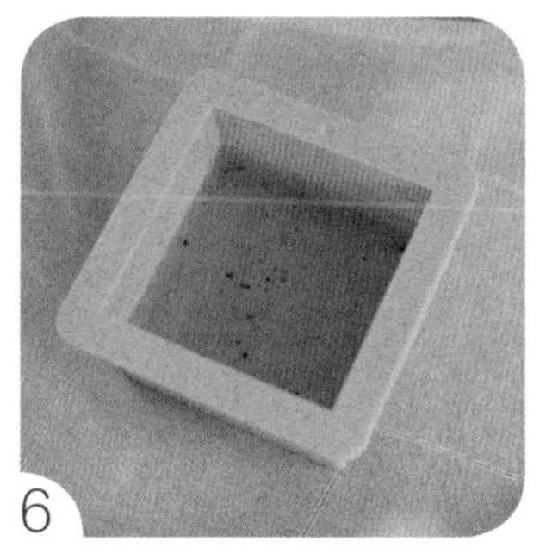

6

7

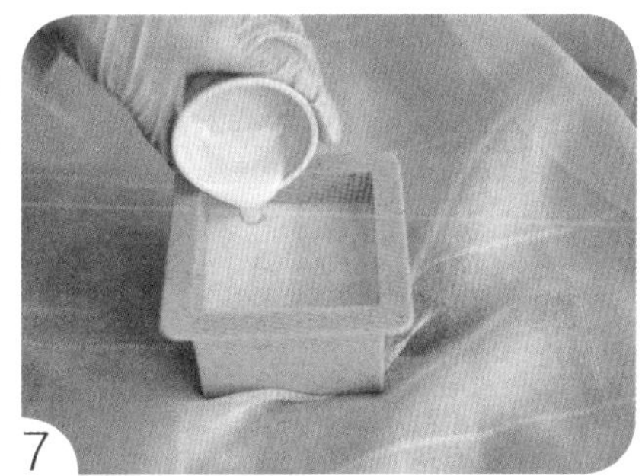

7

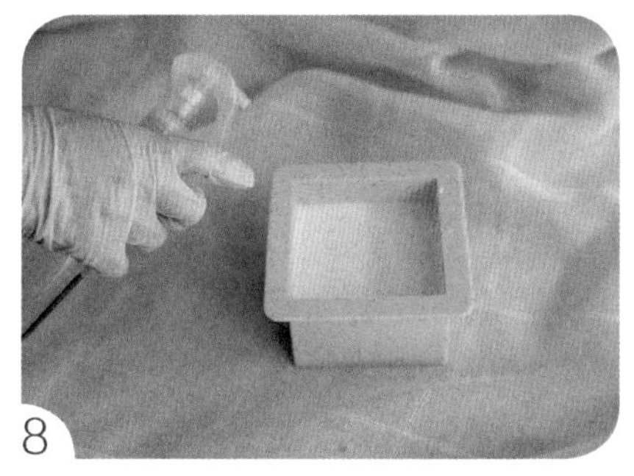

8

9

6. 静置皂液至凝固九成的程度。这时隔着模具，手感还是温热的。轻捏一下模具外壳，感受里面凝固程度，再将步骤 2 中准备的透明皂液保持在 50~60℃，缓缓浇在上面。

7. 静置皂液至凝固九成的程度，隔着模具手感还是温热的，轻轻捏一下模具外壳感受里面凝固程度，再将步骤 2 中剩余 100 克白皂液保持温度在 50~60℃，缓缓浇在上面。

8. 拿出酒精喷壶朝着皂液表面有气泡的地方斜着喷一下，这样可以去除泡沫，让成品皂表面更加平滑。

9. 静置皂液至完全凝固，将硅胶模具向外翻开，完成手工皂脱模。

—礼品篇—

层层叠叠花儿皂

花朵们在精油皂中层叠绽放，
手中的皂仿佛变成了一座芬芳的微缩花园。

添加植物精油：
风信子精油（ Hyacinth Essential Oil ）。
风信子精油有着异国情调的浓郁香气和甜美柔软的花香味，闻之令人心醉。风信子是一种球根类植物，可以长到 15~20 厘米高，茎干上会开出粉色、紫色、白色，或蓝色等色彩的钟形花。它常被用于制作抗抑郁药与镇静药物，用于防腐剂和催情、催眠剂。风信子精油的香味可以缓解压力和紧张。
主要产地：法国、荷兰等。

风信子

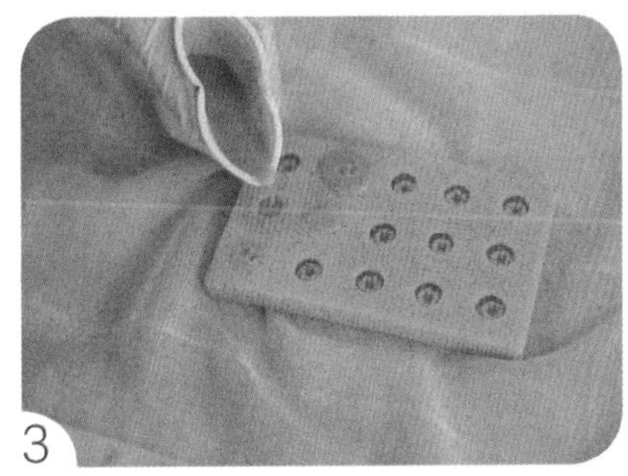

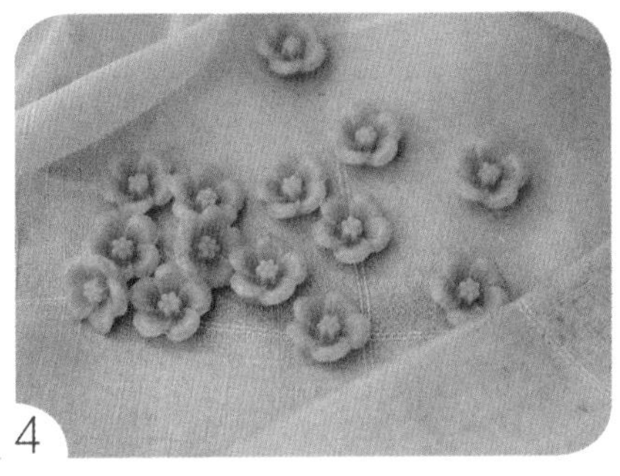

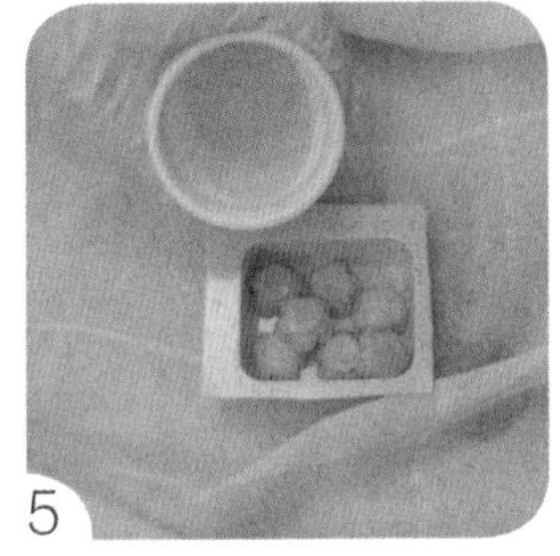

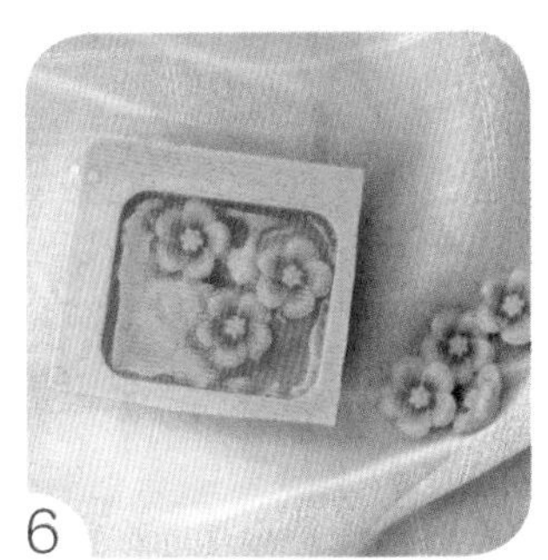

— 材 料 —

白皂基 40 克、透明皂基 50 克、红色颜料、风信子精油 0.9 克（约 18 滴）、小花朵模具、简洁款模具、电子秤、温度计、电磁炉、长柄勺、不锈钢量杯、纸杯。

— 步 骤 —

1. 将称好的白皂基和透明皂基放入不同不锈钢量杯中，然后在电磁炉上加热，温度控制在 45~55℃。当出现熔化状态开始轻轻搅拌，但不要用力过猛，以防皂液溅出。

2. 将熔化好的皂液分别倒入纸杯中，在白色皂液中滴 8 滴精油，在透明皂液中滴 10 滴精油，都搅拌均匀。

3. 在白色皂液中加入 1 滴红色颜料并充分搅拌，再倒入小花模具中。

4. 皂液凝固后，小心地将小花脱模。

5. 将小花反着放入模具中，摆出自己喜欢的样式。将透明皂液保持在 50℃左右，然后沿着模具内壁缓缓倒入。

6. 将剩余的几朵小花正着放在皂液表面。静置皂液至完全凝固后脱模。

—礼品篇—

满满爱心皂

谁说只有红色才能表达爱意，
满满的蓝色心形更显情深似海。

添加植物精油：

欧蓍草精油（Yarrow Blue Essential Oil）。欧蓍草是一种清新的绿色草本，因其神似羽毛形状，在苏格兰也被当作一种符咒，传说有“避邪的力量”。欧蓍草原产于欧亚大陆，可以长到 1 米高，有着裂成数片的叶子和密集的、白色或粉色的花头。传说特洛伊战争期间，阿喀琉斯就是用欧蓍草治伤的。欧蓍草精油对皮肤很有好处，它能治疗发炎的伤口、皮疹、割伤、湿疹和烧伤，还能促进头发生长。欧蓍草精油还有助于缓解神经紧张的功效。

主要产地：法国、保加利亚、印度等。

欧蓍草

1

2

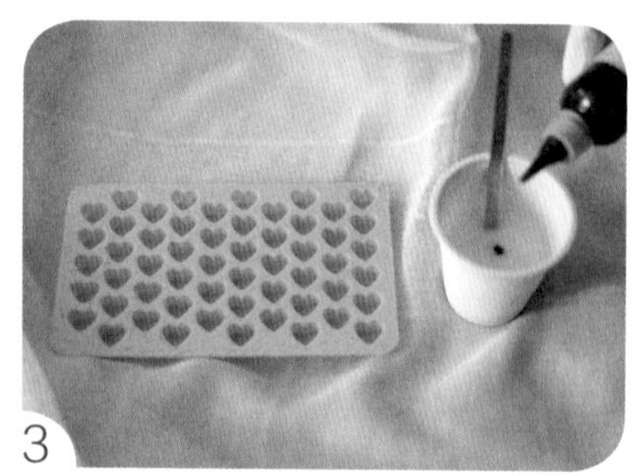

3

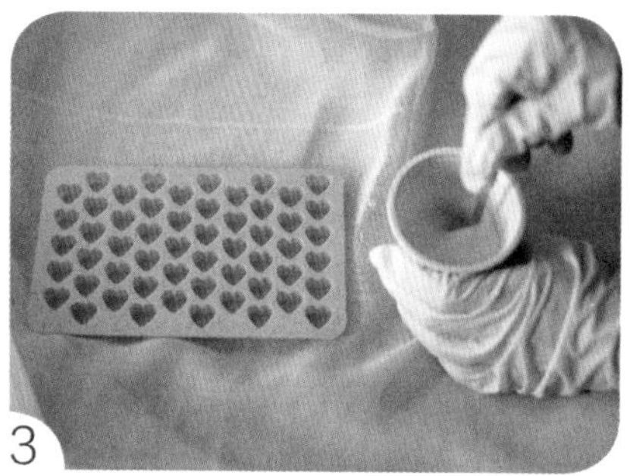

3

3

— 材 料 —

白皂基 60 克、透明皂基 60 克、欧蓍草精油 1.2 克（约 24 滴）、迷你爱心模具、简单模具、电子秤、电磁炉、温度计、长柄勺、酒精喷壶、不锈钢量杯、蓝色颜料。

— 步 骤 —

1. 将称好的白皂基和透明皂基放入不同的不锈钢量杯中，然后放在电磁炉上加热，温度控制在 45~55℃。到有点熔化的状态时则开始轻轻搅拌，但不要用力过猛，以防皂液溅出。

2. 将熔好的皂液分别倒入纸杯中，在白皂液中先滴 12 滴精油，在透明皂液中再滴 12 滴精油，并搅拌均匀。

3. 倒出 20 克白皂液，在其中加入 1 滴蓝色颜料并充分搅拌。再倒出 20 克白皂液，加入 3 滴蓝色颜料并充分搅拌。将剩余的 20 克白皂液，加入 5 滴蓝色颜料并充分搅拌。将三杯调好的皂液分别倒入平面爱心模具。

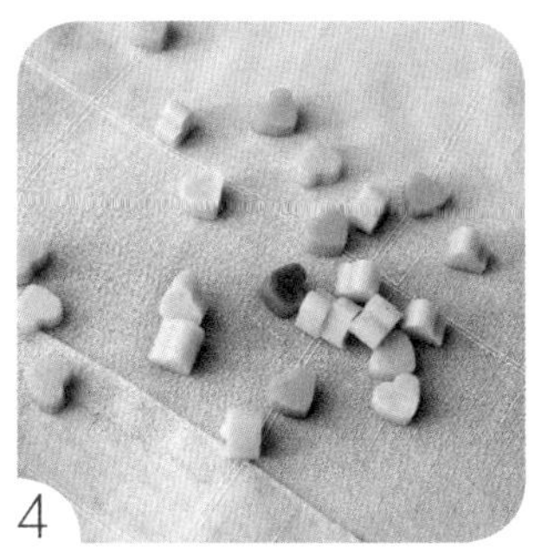

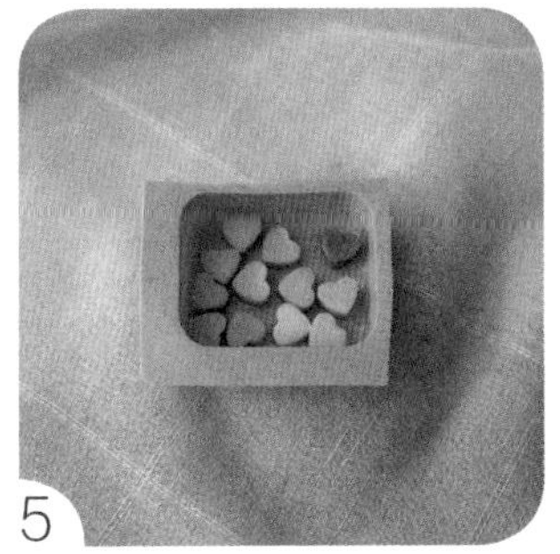

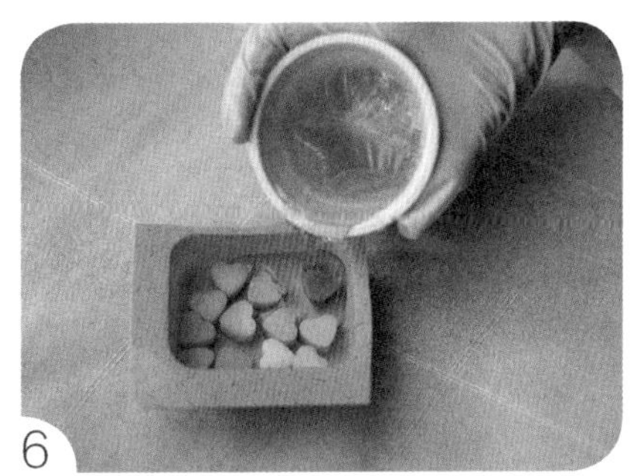

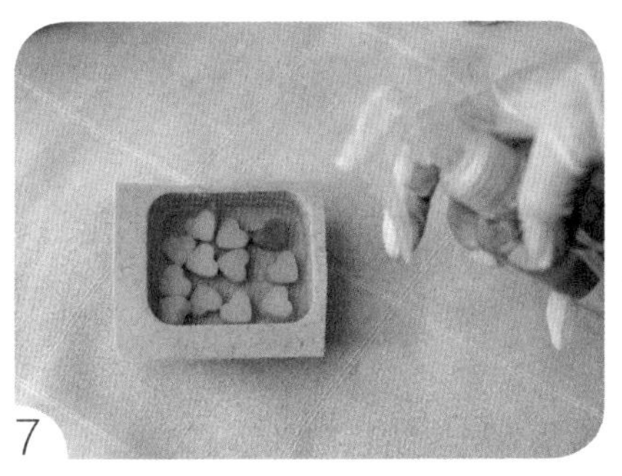

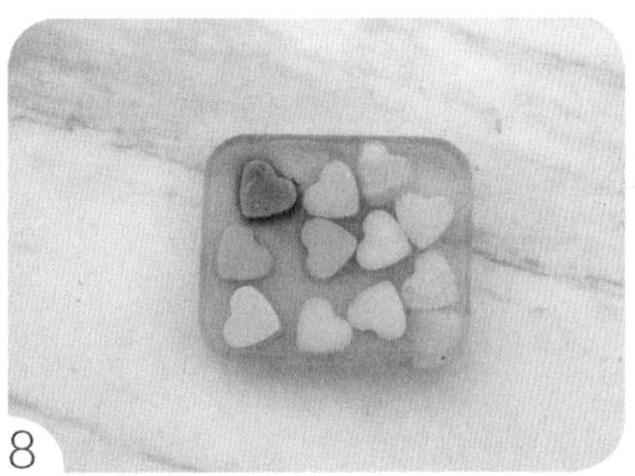

4. 静置皂液至完全凝固，将硅胶模具向外翻开，将爱心部分手工皂脱模，获得颜色深浅不一的蓝色爱心皂。

5. 将深浅不一的蓝色爱心皂再放入简单模具中，摆一个自己喜欢的样式。

6. 将步骤 2 中的透明皂液温度保持在 50℃，并缓缓沿着模具内壁倒入，淹没爱心部分。

7. 拿出酒精喷壶朝着皂液表面有气泡的地方斜着喷一下，这样可以去除泡沫，让成品皂表面更加平滑。

8. 静置皂液至完全凝固，再将硅胶模具向外翻开，使手工皂脱模。

—宝石篇—

蓝色钻石碎皂

镶嵌在精油皂里面的颗颗蓝色碎宝石，

你会舍得使用吗？

添加植物精油：

摩洛哥蓝艾菊精油（Tanacetum Annum Essential Oil）是蓝色钻石般的精油 。摩洛哥蓝艾菊，一年生草本植物，其拉丁文名中的 annum 意为一年生，属于摩洛哥特产。摩洛哥蓝艾菊中的天蓝烃含量要高于德国洋甘菊，所以它呈现的蓝色更深。摩洛哥蓝艾菊精油功效强大且味道甜美，是一种抗炎精油。同德国洋甘菊一样，在神经性皮肤炎（如异位性皮肤炎、湿疹、牛皮癣等）发作时使用摩洛哥蓝艾菊能获得很好的舒缓镇静效果，也适合用于过敏性皮肤炎，也可以帮助舒缓皮肤晒伤。

主要产地：摩洛哥。

摩洛哥蓝艾菊

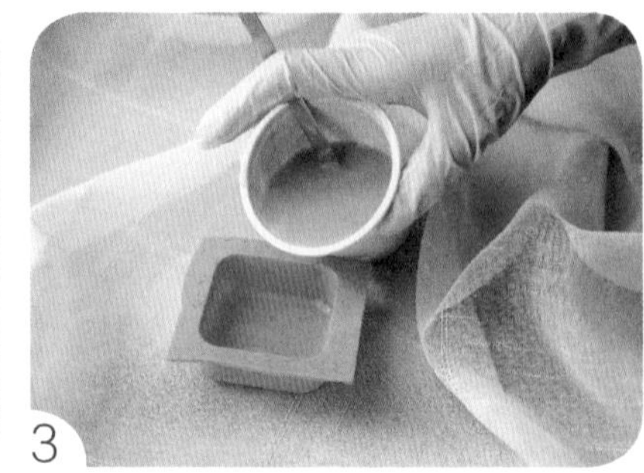

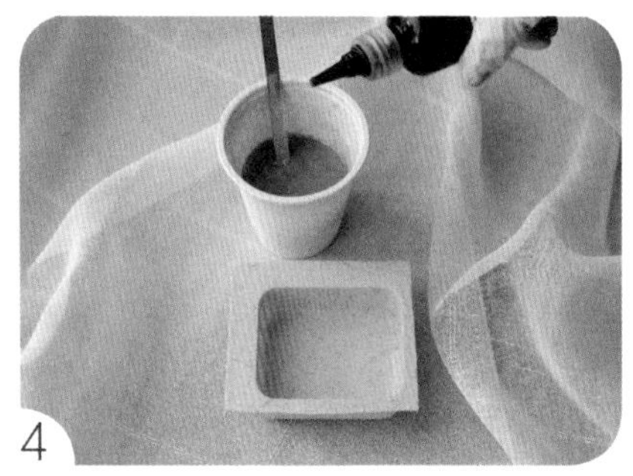

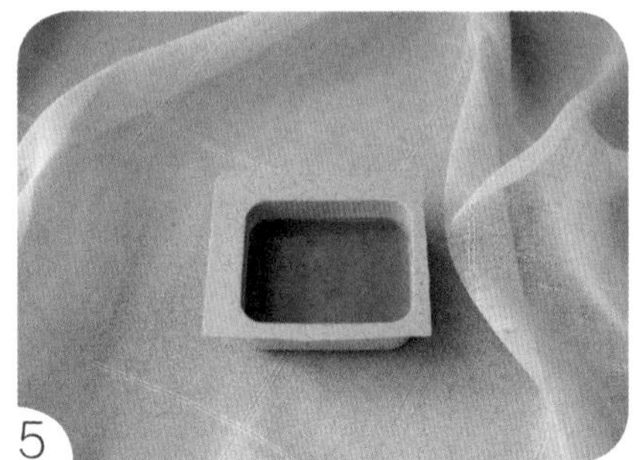

— 材 料 —

白皂基 460 克、摩洛哥蓝艾菊精油 4.6 克（约 92 滴）、大模具 1 个、小模具 3 个、电磁炉、电子秤、温度计、纸杯、不锈钢量杯、美工刀、长柄勺、蓝色颜料。

— 步 骤 —

1. 将称好的皂基放入不锈钢量杯中，然后放在电磁炉上加热，温度控制在 45~55℃。当出现熔化状态时则开始轻轻搅拌，但不要用力过猛，以防皂液溅出。

2. 将熔化好的皂液倒入纸杯中，再滴入精油，搅拌均匀。

3. 倒出 20 克白皂液，向其中加入 1 滴蓝色颜料并充分搅拌，倒进小模具中。

4. 倒出 20 克白皂液，加入 3 滴蓝色颜料并充分搅拌，再倒另一个进小模具中。

5. 将 20 克白皂液，加入 5 滴蓝色颜料并充分搅拌，继续倒进另一个小模具中。

6. 静置皂液至完全凝固，再将硅胶模具向外翻开，使皂片脱模。

7. 将脱好模的深浅不一的皂片切成碎粒。

8. 再将深浅不一的蓝色颗粒堆放在模具中，可以摆一个自己喜欢的样式。

9. 将步骤 2 中剩余的 400 克白皂液温度维持在 50℃左右，并缓缓沿着模具内壁倒入，淹没颗粒。

10. 静置皂液至完全凝固，再将硅胶模具向外翻开，使手工皂脱模。

—宝石篇—

水晶精油皂

每次分享成品的照片，大家都会怀疑

“这真的是精油皂吗？完全是艺术品啊！”

添加植物精油:

紫罗兰精油（Violet Essential Oil）。紫罗兰在古希腊是富饶多产的象征，雅典以它作为徽章旗帜上的标记。紫罗兰精油是最珍贵的精油之一，含有珍贵成分紫罗兰酮，尤其是 α-紫罗兰酮。紫罗兰可以提升呼吸系统功能，在助眠方面也具有良好效果，还可用于清除体内毒素，甚至对抗肿瘤。紫罗兰比较珍贵，所以初学者要谨慎使用以免浪费。主要产地：法国以及埃及。

紫罗兰

— 材 料 —

透明皂基 80 克、白色皂基 20 克、紫罗兰精油 1克（约 20 滴）、一次性塑料杯子、电子秤、电磁炉、长柄勺、紫色颜料、剪刀、不锈钢量杯、不锈钢小勺。

— 步 骤 —

1. 将称好的白色皂基和透明皂基分别放入不同的不锈钢量杯中，然后放在电磁炉上加热，温度控制在 45~55℃。当出现熔化状态时则开始轻轻搅拌，但不要用力过猛，以防皂液溅出。

2. 在熔好的透明皂液中滴入 16 滴精油，在白色皂液中滴入 4 滴精油，分别搅拌均匀。

3. 在两个塑料杯中各倒入 20 克透明皂液。

4. 其中一杯滴入 1 滴紫色颜料，用不锈钢勺子搅拌均匀。

5. 用不锈钢小勺子仔细地将步骤 4 的淡紫色皂液一勺勺浇在步骤 3 中的另一杯透明皂液之上，注意不能让淡紫色皂液沉入透明皂液之中。

6. 倒出 20 克透明皂液在塑料杯中，滴入 3 滴紫色颜料，用不锈钢勺子搅拌均匀。

7. 用不锈钢小勺子仔细地将步骤 6 中调色过的皂液一勺勺浇在步骤 5 中的综合皂液中，注意不能让步骤 6 的皂液沉入综合液之中。

8. 静置皂液至完全凝固。剪开塑料杯，完成脱模。

9. 用美工刀将手工皂进行切割成水晶长条颗粒形状，放置一边待用。

10. 将 20 克透明皂液用不锈钢小勺子仔细地一勺勺浇在步骤 2 中的白色皂液上，稍有一些与透明皂液融合。

11. 将步骤 9 的颗粒按照水晶的样式轻轻插入半凝固状态的步骤 10 的皂液中。

12. 静置皂液至完全凝固，剪开塑料杯，完成脱模。

—宝石篇—

渐变矿石皂

精油皂内部犹如存在着一道美丽的彩霞，
让人惊叹。

添加植物精油：

洋甘菊精油（Chamomile German Blue Essential Oil）是从是从洋甘菊中提取的，是一种淡蓝色液体，有时会变成黄色。洋甘菊尤其适用于缓解肠胃不适、紧张头痛、神经消化不良等症状，同时是一种作用温和的睡眠辅助剂。洋甘菊精油还是一种极好的补救型护肤品，有助于舒缓皮肤过敏，平复破裂的微血管，增进皮肤弹性，对干燥易痒的皮肤效果极佳。

主要产地：埃及、德国、意大利等。

洋甘菊

1

2

3

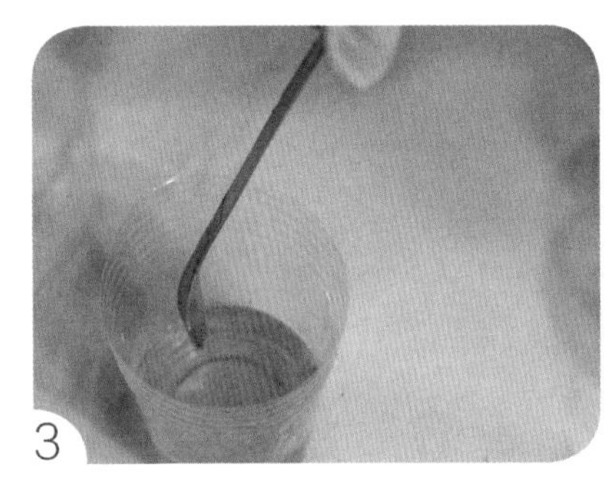

3

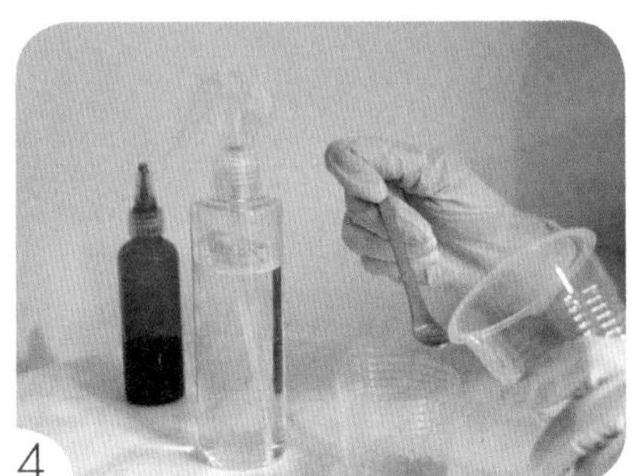

4

— 材 料 —

透明皂基90克、洋甘菊精油0.9克（约18滴）、黑/蓝/红色颜料、美工刀、电磁炉、电子秤、长柄勺、不锈钢量杯。

— 步 骤 —

1. 将称好的皂基放入不锈钢量杯中，将皂基杯放在电磁炉上加热，温度控制在45~55℃。当出现熔化状态时则开始轻轻搅拌，但不要用力过猛，以防皂液溅出。

2. 在熔好的皂液中滴入精油并搅拌均匀。

3. 倒出20克皂液在塑料杯中，滴入一滴红色颜料，搅拌均匀。

4. 倒出20克皂液在另一个塑料杯中，用不锈钢小勺子仔细地一勺勺浇在步骤3中的红色皂液之上，注意不能让透明皂液沉入红色皂液之中。

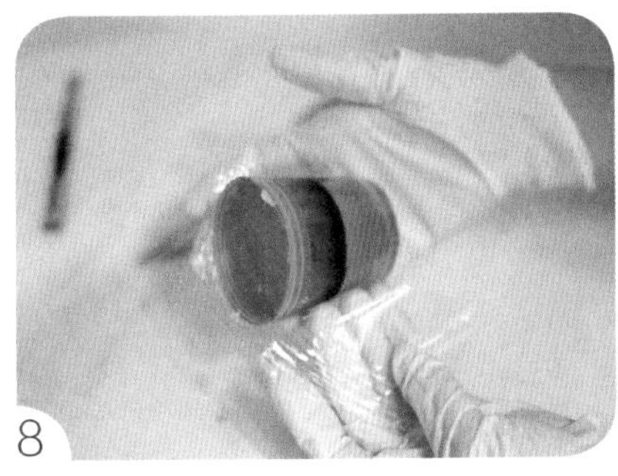

5. 倒出 10 克皂液在塑料杯中，滴入一滴黑色颜料，搅拌均匀。再一勺勺浇在步骤 4 的综合皂液之上，注意不能让黑色皂液沉入之前的皂液之中。

6. 倒出 20 克皂液在塑料杯中，滴入一滴蓝色颜料，搅拌均匀，一勺勺浇在步骤 5 的综合皂液之上，注意不能让蓝色皂液沉入之前的皂液之中。

7. 倒出 20 克皂液在塑料杯中，不需要加颜料，一勺勺浇在步骤 6 的综合皂液之上，注意不能让透明皂液沉入之前的皂液之中。

8. 静置皂液至完全凝固，剪开塑料杯，完成脱模。

9. 用美工刀将手工皂进行切割成矿石形状。

如果你已经是一个热皂制作能手了，那就开始进一步尝试制作冷皂吧。

由于每种油脂的功效和皂碱的比例都不同，因此制作冷皂时，可根据个人喜好而选择精油。

橄榄油：可以阻挡紫外线，具有保湿功效，适用于保护幼儿和敏感型肌肤。但 100% 橄榄油做成的皂，非常软且产生泡沫少。

椰子油：可以使肥皂变得坚硬，使用时能产生出大量泡沫。但是过多使用，会导致皮肤变干。

山茶油：适合制成洗发皂，容易被皮肤吸收。

米糠油：含有维生素 E 和矿物质，对过敏性皮炎有很好的疗效。

制作冷皂时将一定比例的皂碱（氢氧化钠）、水、脂肪酸混合，产生皂化反应。真正的皂化只需要两天，因此在冷皂制作完毕两天以后要进行脱模和切块处理，然后放在通风处充分蒸发，等待 3~6 周使得皂坚硬且耐储存就大功告成了。

基于冷皂在家制作的不便性和危险性，建议初学者先从热皂学起。有需要专业学习冷皂制作的学员，可以通过 @SAU 芍花店官方微博进行咨询。

注意：

制作冷皂需要用到皂碱（氢氧化钠），皂碱属于强碱，遇水变热，会产生气体，所以要特别注意。口罩、手套和护目镜都一定要穿戴好。

水墨画冷皂

冷皂制作相对复杂，但是原材料的健康和滋润性奠定了它的价值。
水墨画一样优美的冷皂成品，会让大家看到后连连问你制作方法哦。

添加植物精油：
茉莉精油（Jasmine Essential Oil）。茉莉花香味与水墨画风格相辅相成，都带有浓郁的东方情调。茉莉精油被称为“精油之王”，价格比较昂贵。茉莉精油的气味不仅高雅优美，还有明显的放松效果。此外还可以调理干燥及敏感型肌肤，淡化妊娠纹与瘢痕，使皮肤变得更加有弹性，延缓皮肤衰老。
主要产地：欧洲、北非地区、中国、日本。

茉莉花

— 材 料 —

茉莉精油 5 克（约 100 滴）、蒸馏水 130 克、皂碱（氢氧化钠）52 克、棕榈油 120 克、椰子油 140 克、葵花子油 40 克、甜杏仁油 20 克、葡萄籽油 30 克、简单模具、护目镜、手套、口罩、围裙、不锈钢勺子、温度计、电子秤、不锈钢量杯、电磁炉、铁丝、耐碱塑料量杯、打蛋器、美工刀、冷皂专用氧化色粉黑色液（请见 p.012）或食用碳粉或黑米粉末、冷皂专用氧化色粉白色液。

— 步 骤 —

1. 在不锈钢量杯中精确称量好皂碱。
2. 缓缓倒入蒸馏水，用不锈钢勺子进行充分搅拌，静置放好溶好的皂碱液。
3. 将保持在 40~45℃的油脂不分先后地倒入耐碱塑料量杯。
4. 将步骤 2 中的皂碱液缓缓倒入称好的步骤 3 的油脂中。
5. 用打蛋器将皂液充分搅拌，直至出现稀质的蛋黄酱状态。确保搅拌器抬起时，皂液还粘在搅拌棒上。
6. 将 5 克精油倒入皂液，并充分搅拌，然后倒出 50 克皂液。

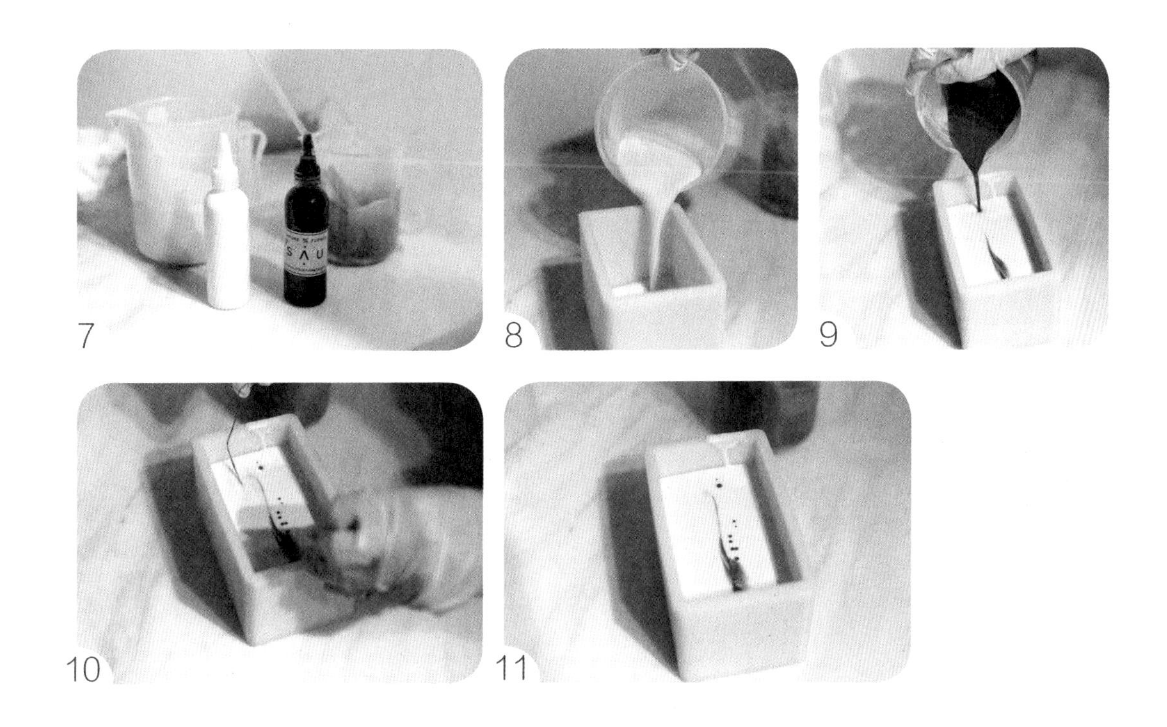

7. 将 50 克皂液加入少量冷皂专用氧化色粉黑色液（请见 p12）或食用碳粉或黑米粉末，并充分搅拌。剩余皂液加入少量冷皂专用氧化色粉白色液，并充分搅拌。

8. 将耐碱塑塑料量杯尖口靠近模具一角，把白色皂液缓缓倒入事先准备好的模具。

9. 再将黑色皂液缓缓倒入模具，使其在白色皂液中呈一字形。

10. 用铁丝深入皂液顺时针画十次，将铁丝取出。

11. 静置 1~2 天后脱模切块，等待 4~6 周冷皂成熟期后可以使用。

冰激凌冷皂

外形简约质感高级的浅粉色冰激凌冷皂，
是治愈心灵的最好单品。

添加植物精油:

香蜂草精油（Melissa Officinalis Essential Oil）能够安抚烦躁的情绪，有助于调节女性月经周期和排卵期。此外它还能帮助降血压，改善湿疹、气喘、支气管炎，缓解消化不良和恶心反胃的现象。

主要产地：法国、克罗地亚等。

香蜂草

— 材 料 —

香蜂草精油 5 克（约 100 滴）、蒸馏水 125 克、皂碱（氢氧化钠）52 克、橄榄油 106 克、棕榈油 125 克、椰子油 125 克、冷皂专用氧化色粉白色、红色液、模具、不锈钢量杯、电磁炉、电子秤、手套、口罩、围裙、打蛋器、硅胶刮刀、铁丝、耐碱塑料量杯、不锈钢搅拌棒、美工刀 。

— 步 骤 —

1. 在不锈钢量杯中精确称量好皂碱。
2. 缓缓倒入蒸馏水，用不锈钢勺子进行充分搅拌，静置搅拌好的皂碱液。
3. 将 40~45℃橄榄油、棕榈油和椰子油不分先后地倒入耐碱塑料量杯。
4. 将步骤 2 中的皂碱液缓缓倒入称好的步骤 3 的油脂中。
5. 用打蛋器将皂液充分搅拌，直至出现厚稠的蛋黄酱状态。

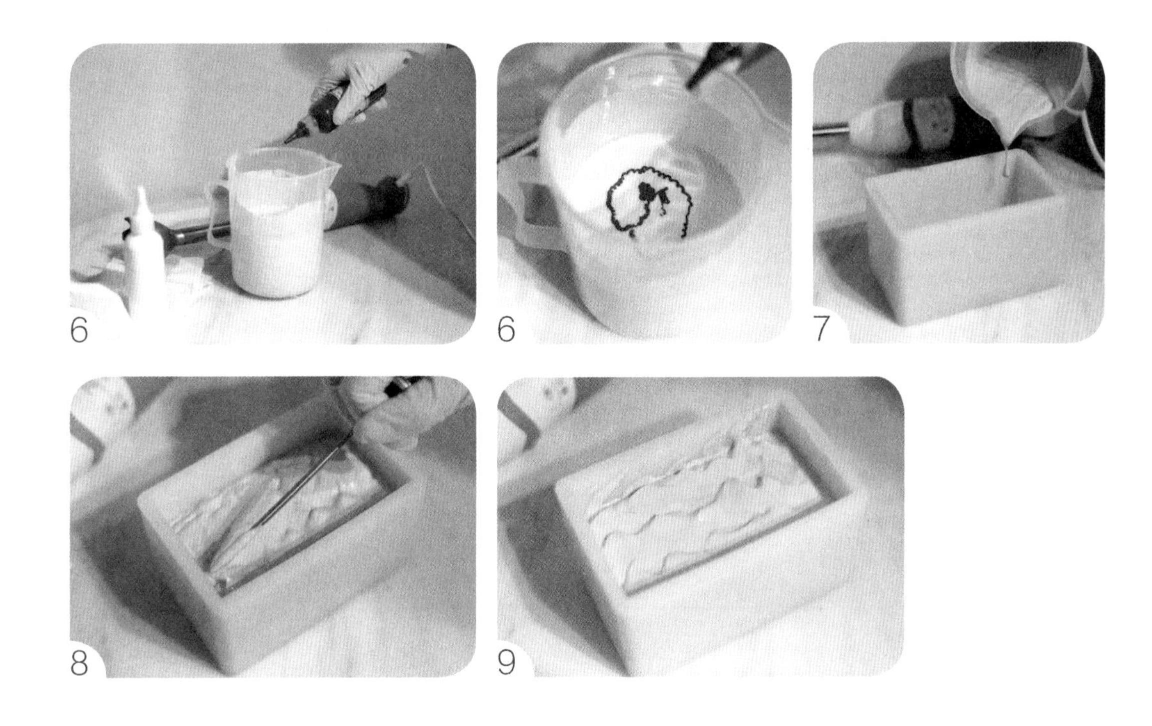

6. 加入冷皂专用氧化色粉白色液和红色液，用硅胶挂到将其与皂液充分融合，再滴入 5 克精油，并搅拌均匀。

7. 将耐碱塑料量杯尖口靠近模具一角，使得皂液可以缓缓流入事先准备好的模具。

8. 用不锈钢搅拌棒在皂体表面挑起“波浪”。

9. 静置 1~2 天后脱模切块，等待 4~6 周冷皂成熟期后可以使用。

图书在版编目（CIP）数据

当花草遇上精油皂 / 陈娴，施玲贤著．-- 南京：江苏凤凰科学技术出版社，2018.9
ISBN 978-7-5537-9366-5

Ⅰ．①当… Ⅱ．①陈… ②施… Ⅲ．①肥皂－制作 Ⅳ．① TQ648.63

中国版本图书馆 CIP 数据核字（2018）第 134811 号

当花草遇上精油皂

著　　者　陈　娴　施玲贤
项目策划　郑亚男　苑　圆
责任编辑　刘屹立　赵　研
特约编辑　苑　圆

出版发行　江苏凤凰科学技术出版社
出版社地址　南京市湖南路1号A楼，邮编：210009
出版社网址　http：//www.pspress.cn
总　经　销　天津凤凰空间文化传媒有限公司
总经销网址　http：//www.ifengspace.cn
印　　刷　北京博海升彩色印刷有限公司

开　　本　710 mm×1000 mm　1 / 16
印　　张　7
版　　次　2018年9月第1版
印　　次　2018年9月第1次印刷

标准书号　ISBN 978-7-5537-9366-5
定　　价　48.00元